大学化学实验教学示范中心系列教材

总主编 李天安

无机物制备

主编 柴雅琴 莫尊理 周娅芬
岳 凡 杨 骏

科学出版社

北 京

内 容 简 介

　　本书是依据《高等学校化学类专业指导性专业规范》并基于一级学科平台、以"方法"为中心的实验教学思路编写的,是"大学化学实验教学示范中心系列教材"的第五册。全书共 7 章。绪论简述了无机物制备的路线设计、技术和产物表征,第 1 章～第 5 章依次讨论一般无机物、配合物、无机高分子、单晶材料、无机精细化工产品的制备方法,在简述技术基本原理的基础上,重在讨论技术的应用。全书编排基础实验 35 个、综合实验 9 个和设计实验 3 个。实验项目既注重大学化学实验的基础性,又力求涉及多个知识点,避免就项目论"项目",有利于学生举一反三。写作方式注意与中学化学实验的衔接,利于自学,便于发挥学生的学习主体性,培养创新能力。

　　本书可作为高等师范、高等理工和综合性院校化学化工专业本科生实验教材,也可供相关专业教学、科研人员参考。

图书在版编目(CIP)数据

无机物制备 / 柴雅琴等主编.—北京:科学出版社,2014.1
大学化学实验教学示范中心系列教材
ISBN 978-7-03-039558-0

Ⅰ.①无…　Ⅱ.①柴…　Ⅲ.①无机物-制备-高等学校-教材　Ⅳ.①O611

中国版本图书馆 CIP 数据核字(2014)第 009842 号

责任编辑:陈雅娴 / 责任校对:郭瑞芝
责任印制:徐晓晨 / 封面设计:迷底书装

科 学 出 版 社 出版
北京东黄城根北街 16 号
邮政编码:100717
http://www.sciencep.com

北京九州迅驰传媒文化有限公司 印刷
科学出版社发行　各地新华书店经销

*

2014 年 1 月第 一 版　开本:720×1000 B5
2019 年 11 月第四次印刷　印张:13
字数:262 000

定价:49.00 元
(如有印装质量问题,我社负责调换)

丛 书 序

进入 21 世纪以来,我国高等教育逐步转入"稳定规模、提高质量、深化改革、优化结构、突出特色、内涵发展"的阶段。国家通过精品课程建设、示范中心建设、教学评估等系列"质量工程",和颁布《国家中长期科学和技术发展规划纲要(2006—2020 年)》,促进教学质量的提高。高校按照"加强基础、淡化专业、因材施教、分流培养"的方针,积极推进人才培养模式、教学体系、教学内容和教学方法改革,取得了许多有益的经验。教育部颁发的《高等学校化学类专业指导性专业规范》对于兼顾教学内容"保底"和发挥学校特色是一个纲领性的文件。

在这个大背景之下,西南大学等西部四校合作编写的"大学化学实验教学示范中心系列教材"由科学出版社修订出版。这应该是一项非常有益的工作。

首先,教材秉承一级学科平台的编写思路。教材整合传统二级学科的基础内容,按照认知规律形成相互独立又相互联系的课程体系,既体现了"规范"突破传统二级学科壁垒,站在一级学科层面上形成系统连贯学科思维的育人思路,又使"规范"所列最基本知识点落实到能够体现地区高校特色的可操作的具体课程体系中。

其次,教材有自己的理念。化学有实验学科之说,戴安邦先生也有"实验教学是实施全面化学教育最有效的教学形式"的名言。不过,化学实验中究竟教学生什么一直是一个争论的问题。教材编写者对此的回答是:应当教的是"方法"而非知识本身。教学改革是一项复杂而长期的探索活动,愿所有的教育者都成为探索者。

西部高校承载了地区百姓和社会的更多期待,虽然目前其教学条件、规模水平仍有待提高,但是,我们欣慰地看到,西部高校老师正在努力。

郑兰荪

2013 年 6 月 15 日

序

　　2005 年,时值各地积极推进实验教学示范中心建设,新、甘、川、渝地区几所高校化学同仁聚会重庆,交流各自实验教学改革的心得。与会代表认为,以"方法"为中心的实验教学理念符合当前化学实验教学改革的基本趋势,符合教育部关于实验教学示范中心建设标准的要求,是创建一级学科教学平台有力的思想工具。经多年来的努力,尽管横向看东西部教育差距不可否认,但纵向看西部高校已今非昔比。因此,合力开发既满足学科教学需要,又反映地区教学改革成果教材的时机已经成熟。

　　本系列教材遵循实验教学示范中心建设标准,定位于满足一般高校化学类专业基础实验教学,按一级学科模式,把实验教学示范中心建设标准规定的全部教学内容划分为六册。

　　《化学基础实验（Ⅰ）》和《化学基础实验（Ⅱ）》为第一层次,为化学各二级学科共有或相关的一些操作、技术、物质性质检测。该层次的教学核心是"练",主要通过现有知识的学习和训练,使学生能够在一定程度上举一反三。从认知心理水平讲,就是接受现有的实验研究技术和有关知识,明确"是什么"(what)。

　　《理化测试（Ⅰ）》和《理化测试（Ⅱ）》为第二层次,强调物质的关系、行为和反应动态。该层次的教学核心是"辨",主要通过各种物质的量、反应过程理化参数的描述,使学生了解在化学研究中如何认识物质关系、反应和控制过程。从认知层面上讲,就是认识化学现象的本质原因及其描述方法,理解"为什么"(why)。

　　《无机物制备》和《有机物制备》为第三层次,强调按照一定的要求,根据相关的知识选择、设计合适的技术,创造新物质。该层次的教学核心是"做",主要在于知识、技能、条件的综合应用。从认知层面上讲,要求根据需要创造性地解决问题,实现"怎么办"(how)。

　　本系列教材于 2006 年由西南师范大学出版社出版试用以来,一方面通过校际交流推进了合作学校的教学改革,取得了一定的成果,另一方面相继发现了教材中存在的问题。在科学出版社的支持下,本系列教材得以重新修编出版。

　　本次修订以《高等学校化学类专业指导性专业规范》为根本依据,调整知识点在各册的分配,按照学科发展和国家标准修订,更新引用技术、补充完善原有知识点或压缩篇幅,对初版中的错误、笔误、表达晦涩处进行校对和纠正。除此之外还作了如下两方面较明显的变动:

　　(1)强化基础。与实验教学示范中心建设标准相比,《高等学校化学类专业指导性专业规范》更加强调基础,新增了玻璃加工和一些基本物质参数和常规实验技术,修订中都全部予以考虑。

(2) 适度取舍。《高等学校化学类专业指导性专业规范》强化了物质制备,在实验教学示范中心建设标准基础上增加了高分子制备和天然物提取两部分,同时弱化了原化工部分的内容。事实上,高分子和化工部分的教学在不同学校之间差异都很大,常形成学校的办学特色。考虑到本书的基础性定位,这两部分均不涉及。本次修订纳入了天然物提取,因为此类实验项目容易激发学生学习兴趣,所以安排在了《化学基础实验(Ⅰ)》中,以便提升学生的专业热情。

本次修订得到合作学校领导的大力支持,组织编写队伍,提供实验项目试做的条件;郑兰荪院士给予本系列教材关注并作序,也给了大家极大的鼓舞;科学出版社多次及时指导,更使修撰工作少走不少弯路;所有编写老师积极工作,其中还包括家人的支持。这些都难以用一个"谢"字表达。

限于编者水平,错误疏漏在所难免,望读者不吝赐教。

"大学化学实验教学示范中心系列教材"编写委员会

2013 年 6 月

目　　录

绪　　论

学习指导

　　绪论从合成化学的重要性入手,阐述了合成化学对人类文明的贡献。讨论了合成路线的设计、合成技术的进展和化合物分离、鉴定及表征的一般方法,为本书后续内容的学习奠定了理论基础。

　　化学在 20 世纪取得了辉煌的成就,这些成就与化学合成技术密不可分。合成化学是以人工合成或从自然界分离出新物质供人类需要为中心任务,是化学家改造世界、创造社会未来最有力的手段。因此,化学的成就可用合成或分离出的新物质的数量来衡量。1900 年在美国《化学文摘》(CA)上登录的从天然产物中分离出来并确定其组成的及人工合成的已知物质只有 55 万种,到 1999 年 12 月 31 日已达到 2340 万种。在这 100 年中,化学合成和分离了 2285 万种新物质、新药物、新材料、新分子来满足人类生活和高新技术发展的需要。1998 年,美国著名化学家 S. J. Lippard 在探讨未来 25 年化学的发展时说:"化学最重要的是制造新物质。化学不但研究自然界的本质,而且创造出新分子,赋予人们创造的艺术;化学以新方式重排原子的能力,赋予我们从事创造性劳动的机会,而这正是其他学科所不能媲美的。"

　　作为合成化学中极其重要的一部分——现代无机合成(制备),其内涵并不局限于昔日传统的合成,也包括制备与组装科学。随着生命、材料、计算机等相关学科研究的迅猛发展,要求无机合成化学家能够提出更多新的行之有效的合成反应、合成技术,制订节能、洁净、经济的合成路线,以及开发具有新型结构和新功能的化合物或材料。因此,发展现代无机合成与制备化学,不断推出新的合成反应和路线,或改进和绿化现有的陈旧合成方法,不断地创造与开发新的物质,将为研究材料结构、性能(或功能)与反应间的关系、揭示新规律与原理提供基础,成为推动化学学科与相邻学科发展的主要动力。

0.1　合成路线的设计

　　合成路线设计主要是指从理论上讨论分析如何设计合成路线及合成的策略技巧。合成路线是合成工作者为待合成的目标化合物所拟订的合成方案。

　　合成路线设计涉及化合物的结构、性能、反应等方面的内容。要做好合成路线的设计,基本方法是以化学反应为基础,熟练掌握大量的单元合成反应,将具体的反应按一定的逻辑组合起来。

对于合成路线设计来说,可能会有多条路线可以合成出所要的化合物,究竟采用哪条路线,评价的基本标准是:

(1) 合成的反应机理。从单元反应来分析应该是可以的,其组合能够达到合成所需化合物的目的。

(2) 合成效率高。力求减少副反应,以提高产品的产率。

(3) 合成路线简捷。反应步骤的长短关系到合成路线的经济性。一个每步产率为 90% 的十步合成,其总产率仅为 35%;若为五步合成,则总产率为 59%;若合成步骤仅三步,其总产率可提高到 73%。因而应尽可能采用短的合成路线。

(4) 原料、试剂等来源丰富,毒性小,能耗低。

(5) 温和的反应条件,操作简便、安全。

(6) 尽可能符合绿色合成的原则。

0.2　合成技术

0.2.1　高温与高压技术

1. 高温高压合成方法

1) 高温合成方法

从动力学角度来看,人们总是借助于高温来实现较高速率地合成物质的目的。因此,高温是物质合成的一个重要手段。高温合成反应的类型很多,主要有:高温固相反应、高温固-气反应、高温熔炼和合金制备、高温熔盐电解、高温下的化学转移反应、高温化学气相沉积、等离子体高温合成、高温下的区域熔融提纯等。

2) 高压高温合成方法

高压高温合成根据高压高温产生方式和使用的设备的不同而划分为静高压高温合成法和动态高压高温合成法。静高压高温合成法是利用具有较大尺寸的高压腔体、试样的两面顶和六面顶高压设备来进行的。动态高压高温合成法是利用爆炸等方法产生冲击波,在物质中引起瞬间的高压高温来合成新材料,也称为冲击波合成法或爆炸合成法。

2. 高温还原反应

高温还原反应是用还原剂把高价化合物还原成低价化合物或单质的有效方法之一。常采用的原料为氧化物、卤化物或硫化物;常采用的还原剂有氢气、一氧化碳、碳、活泼金属等。选择还原剂时应遵循以下原则:

(1) 还原能力强,热效应大,以保证反应完全进行。

(2) 过量的还原剂和被还原的产物及被氧化的产物容易分离提纯,还原剂在被还原产物中的溶解度小。

（3）还原剂廉价易得，易于回收。

3. 高温固相反应

大批具有特种性能的无机功能材料和化合物，如大多数复合氧化物、含氧酸盐类、二元或多元金属陶瓷化合物（碳、硼、硅、磷、硫族等化合物）都是通过高温（一般为 1000～1500 ℃）下反应物固相间的直接合成而得到的。

4. 化学气相沉积

化学气相沉积法是近几十年发展起来的一种用于制备高纯物质，研制新晶体，沉积各种单晶、多晶或玻璃态无机薄膜材料的方法。化学气相沉积法是利用气态物质在一固体表面上进行化学反应生成固态沉积物的过程。常见的类型有：

1）热分解法

最简单的化学气相沉积反应是化合物的热分解。此反应一般在简单的单温区炉内进行，于真空或惰性气氛下加热基材至所需温度后，导入反应气体，使之发生热分解反应，最后在基材上沉积出固体材料层。

2）化学合成法

绝大多数沉积过程都涉及两种或多种气体反应物在同一热基材上相互作用，这类反应为化学合成反应。最普遍的是用氢气还原卤化物来沉积各种金属和半导体。化学合成法还可以制备各种晶态和玻璃态沉积层。

3）化学转移反应

化学转移反应是指一种固体或液体物质 A，在一定温度下与一种气体物质 B 反应，生成气相产物 C，而 C 扩散到体系的不同温度区发生逆反应，重新析出 A。例如

$$Ni(s) + 4CO(g) \underset{200\ ℃}{\overset{80\ ℃}{\rightleftharpoons}} Ni(CO)_4(g)$$

这个过程好像是一个升华或蒸馏过程，但在 80 ℃ 温度下，物质 A 并没有经过一个它应该有的蒸气相，所以称为化学转移。用于化学转移反应的装置样式很多，可根据具体反应条件设计。

0.2.2　低温技术

随着新技术的开发，世界将进入"临界技术"或"极端技术"的发展时期，低温或超低温合成将是未来研究的重要领域。低温技术的发展为某些挥发性化合物的合成及新型无机功能材料的合成开辟了新途径。

许多物质的分离和制备都必须在低温下进行。氮气、氧气、稀有气体的工业制

备过程是首先压缩净化过的空气,再使之绝热膨胀,温度降低,从而使空气液化,随后对液体空气进行分级蒸馏,便可把氮气和稀有气体分离。混合气体也常用低温分馏或低温下选择性吸附的方法进行分离。近年来,低温下的物质合成,特别是超导材料的合成发展十分迅速。

1. 非水溶剂中的低温合成

多数在非水溶剂中进行的反应必须在低温下进行,因为它们只有在低温下才呈液体状态,如 NH_3、SO_2、HF 等,其中液氨是人们研究得最多的非水溶剂。

2. 低温下稀有气体化合物的合成

稀有气体混合物本身是在低温下进行分离和提纯的,所以它们的一些化合物也是在低温下进行合成的。

1) 低温下的放电合成

1963 年 Kirschenbaum 等首次用放电法成功地制备了 XeF_4。

$$2F_2 + Xe \xrightleftharpoons[1100\sim2800\ V]{-78\ ℃} XeF_4$$

2) 低温光化学合成

光化学反应是由可见光和紫外光所引起的化学反应。这些反应一般是在分子的激发态直接参与下进行的。一个分子只有在吸收一定的光照射之后,才能发生化学反应。利用光化学反应可以在低温下合成 XeF_2、KrF_2 等稀有气体化合物。

3) 低温下挥发性化合物的合成

合成或纯化挥发性化合物时需要在低温下进行。例如,无色剧毒气体氢氰酸的熔点为 $-13.24\ ℃$,沸点为 $25.70\ ℃$,制备氢氰酸可由下列反应得到

$$NaCN + H_2SO_4 \longrightarrow NaHSO_4 + HCN$$

首先将 HCN 完全蒸馏出来,经过干燥等处理,最后 HCN 冷凝在用冰盐剂冷却的磨口瓶中。

4) 冷冻干燥法合成氧化物和复合氧化物粉末

近年来化学工作者开发了冷冻干燥法、醇盐水解法、喷雾干燥法、喷雾分解法、蒸发法等新方法。冷冻干燥法除了可以合成 Mg-Al 系列尖晶石和各种铁氧体外,还可以合成透明的氧化铝板、氧化镍粉末及氯化银等。

0.2.3　电解合成

电解法对材料纯度要求很高的原子能、宇航技术、半导体等科学技术具有独特的作用。电解合成法一般分为水溶液电解和非水溶液电解,非水溶液电解又分为熔盐电解和非熔盐电解。电解合成反应具有以下特点:

（1）利用在电解中能提供高电子转移的功能达到一般化学试剂所不具有的氧化还原能力。

（2）产品纯度高。

（3）通过控制电极电势和电极材质，可选择性地进行氧化或还原，从而制备出特定价态的化合物。

（4）可以制备出其他方法不能制备的许多物质和聚集态。

0.2.4　光化学合成

光化学研究按照化合物的种类分为无机分子光化学和有机分子光化学；按照分子的大小分为小分子光化学、较大分子光化学以及聚合物光化学；按激发分子寿命可划分为秒、毫秒、微秒和纳秒时间内的光化学；按发光类型或跃迁机制又有荧光、磷光以及化学发光之分。光化学合成是把光化学研究中得到的知识、成果加以利用，把光化学反应作为合成化合物的手段。光化学合成的独到之处在于此方法可以得到其他方法难以得到的具有新颖结构的化合物。例如 $cis\text{-}[Cr(NH_3)_4(H_2O)Cl]^{2+}$ 的制备。

$$[Cr(NH_3)_5Cl]^{2+}+H_2O \xrightarrow{365\sim506\ nm} cis\text{-}[Cr(NH_3)_4(H_2O)Cl]^{2+}+NH_3$$

0.2.5　几种新型合成技术

1. 微波辐射技术

微波通常是指波长为 1 mm～1 m 的电磁波，其相应的频率范围是 300 MHz～300 GHz。为了不干扰雷达、无线电通信等，国际无线电通信协会规定：家用微波炉使用的频率是 2450 MHz，而 915 MHz 的频率主要用于工业加热。利用微波辐射法进行固相反应是一种新颖、快速、独特的合成方法。例如，沸石分子筛的微波合成具有条件温和、能耗低、反应速率快、粒度均一且尺寸小的特点。

2. 等离子体技术

等离子体合成也称放电合成，它是利用等离子体的特殊性质进行化学合成的一种新技术。获得等离子体的方法很多，比较适用的方法是放电，如电弧放电、辉光放电、高频电感耦合放电、高频电容耦合放电、微波诱导放电等。等离子体一般分为两类，一类是高温等离子体（也称热等离子体），另一类是低温等离子体（也称冷等离子体）。等离子体技术应用在冶金处理、半导体材料、合成化学、材料表面酸性和超微粒子的制备等方面已卓有成效。这种方法具有能耗低、效率高、能级选择灵活、制得产品纯度高、产率高等特点。

3. 激光技术

激光是一种新型光源，根据激光的方向性，可实现微区域的高温化学反应。有

些化学反应在常温下不能发生,但在激光的作用下就能在常温常压下发生。例如

$$BCl_3 + H_2S \xrightarrow{激光} BCl_2SH + HCl$$

BCl_2SH 进一步分解

$$3BCl_2SH \longrightarrow B_2S_3 + BCl_3 + 3HCl$$

4. 水热与溶剂热合成法

水热与溶剂热合成法是指在一定温度(100～1000 ℃)和压力(1～100 MPa)条件下,利用溶液中物质的化学反应所进行的合成。现在已在多数无机功能材料、特种组成与结构的无机化合物及特种凝聚态材料的合成中得以应用。水热与溶剂热合成法具有如下特点:

(1) 有可能代替固相反应以及难以进行的合成反应。

(2) 能生成一系列特种凝聚态的物质。

(3) 有利于低价态、中间价态与特殊价态化合物的生成,并能均匀地进行掺杂。

0.3 分离、鉴定和表征

合成和分离是两个紧密相连的问题。在制备新的化合物时,实际的制备反应往往是合成和鉴定化合物的整个过程中最容易的方面,而更多的时间是花费在化合物的提纯和鉴定上,解决不好分离问题,就无法获得满意的合成结果。总的来说,在任何合成问题中均包含各种各样的分离问题。无机材料对组成和结构有特定的要求,因而使用的分离方法更多、更复杂一些。为此,在无机物制备中,一方面要特别注重反应的定向性与反应原子的经济性,尽量减少副产物与废料,使反应产物的组成、结构符合合成的要求;另一方面要充分重视分离方法和技术的改进和建立。提纯技术除包括常规分离方法,如重结晶、分级结晶、分级沉淀、升华、蒸馏、萃取、色层分离法(包括薄层层析法、柱层析法、离子交换层析法等)和色谱分离等外,还需采用一系列特种的分离方法,如低温分馏、低温分级蒸发冷凝等。

由于无机材料和化合物的合成对组成和结构有严格的要求,因而结构的鉴定和表征在无机合成中是具有指导作用的。它既包括对合成产物的结构确证,又包括对特殊材料结构中非主要组分的结构状态和物化性能的测定。为了进一步指导合成反应的定向性和选择性,还需要对合成反应过程中间产物的结构进行检测。由于无机反应的特殊性,这类问题的解决往往很困难。除去常规的组成分析、离子电导、熔点、磁化率、X 射线衍射、质谱、各类光谱(如可见、紫外、红外、拉曼、顺磁、核磁旋光色散和圆二色散)等,以及针对不同材料的要求检测其相应的性能指标外,通常还需要一些特种的检测方法,如俄歇电子能谱、低能电子衍射、高分辨电子

显微镜等。总之,设计合适、巧妙的结构表征和研究方法,对于近代无机合成非常重要。

综上所述,近代无机合成有了新的发展,已应用于新的领域。无机合成已从常规经典合成发展到大量特种实验技术与方法下的合成,甚至开始研究特定结构和性能无机材料的定向设计合成与仿生合成等。无机合成将随着相邻学科的发展而发展,其远景无限。

（柴雅琴）

第1章 无机化合物的制备

无机化合物主要包括氧化物、卤化物、氢化物、氢氧化物、含氧酸和含氧酸盐等。本章重点学习氧化物、卤化物及含氧酸盐的一般制备方法。通过本章的学习应掌握常见氧化物、金属卤化物及含氧酸盐的制备,掌握无机化合物制备的基本方法和基本实验技能。

1.1 氧化物的制备

氧是极活泼的元素,它能与周期表中绝大多数元素形成氧化物。氧化物的制备主要有以下方法:直接合成法、硝酸氧化法、还原法、热分解法等,其中直接合成法和硝酸氧化法采用的是氧化反应原理。

1.1.1 氧化法

1. 直接合成法

大多数氧化物的标准生成焓是负值,除卤素氧化物、Au_2O_3 等少数氧化物外,大多数氧化物都能由单质和氧气直接合成,如 C、S、B、P、Zn、Cd、In、Tl、Fe、Co、Os、Ru、Rh 等。直接合成法多数是多相反应,应尽量先把金属制成细粉(如 Fe 和 Co)或变成蒸气(如低沸点的 Zn 和 Cd),以加快反应速率,促使反应完成。但由于许多原料不易提纯或提纯成本太高,反应常常难于彻底完成,在纯度要求较高的化学试剂生产中直接合成法受到限制。实验 10 中的氧化铜制备就是采用的直接合成法。

有很多氧化物也可以由氧化物和氧气直接合成,如 CO_2 可以由 CO 和 O_2 反应制得,SO_3 可由 SO_2 和 O_2 反应制得。

2. 硝酸氧化法

某些氧化物不溶于硝酸,可用浓硝酸氧化相应的金属而制得。例如

$$Sn + 4HNO_3 \Longrightarrow SnO_2 + 4NO_2 \uparrow + 2H_2O$$

$$2Sb + 10HNO_3 \Longrightarrow Sb_2O_5 + 10NO_2 \uparrow + 5H_2O$$

氧化物的制备方法很多,在实际中要考虑元素的性质特点、原料来源、经济效益等因素来选择合成方法。

1.1.2　还原法

金属还原法也称金属热还原法,即用一种金属还原化合物(如氧化物、卤化物)的方法。还原的条件就是这种金属对非金属的亲和力比还原的金属大。某些易成碳化物的金属用金属热还原的方法制备,具有很重要的实际意义。

用此法可制备的金属有 Li、Rb、Cs、Na、K、Mg、Ca、Sr、Ba、Al、In、Tl、稀土元素、Ge、Ti、Zr、Hf、Th、V、Nb、Ta、Cr、U、Mn、Fe、Co、Ni 等。例如,用"铝热法"可以提炼铬。

$$Cr_2O_3 + 2Al \xlongequal{\quad} 2Cr + Al_2O_3$$

选择还原剂时要考虑:①还原力强;②容易处理;③不能和生成的金属生成合金;④可以制得高纯度金属;⑤还原产物容易和生成金属分离;⑥成本尽可能低。通常用作还原剂的金属主要有 Ca、Mg、Al、Na 和 K 等。

1.1.3　热分解法

金属氧化物一般都属于离子型氧化物,是典型的离子晶体,因此具有较高的熔点和较大的硬度。一些金属氧化物常用作高温材料(通称为高温陶瓷材料)和磨料。

由金属的含氧酸盐、氢氧化物或含氧酸经加热分解而制得金属氧化物的方法称为热分解法。由含氧酸制备氧化物其种数不多,而氢氧化物多属无定形沉淀,难沉降与洗涤,所以通常选用含氧酸盐进行热分解来制备金属氧化物。在众多的含氧酸盐中首选碳酸盐,因为它具有如下优点:①热稳定性较差,分解温度一般在 1000 ℃以下,工艺上容易实现;②热分解时产生的 CO_2 气体无毒、无腐蚀性;③许多碳酸盐不溶于水,便于合成和洗涤;④合成碳酸盐所用的沉淀剂如 NH_4HCO_3、Na_2CO_3、$NaHCO_3$ 等来源充足且价格便宜。

1. 制备原理

氧化物可由加热相应的碳酸盐、硝酸盐、氢氧化物与某些其他物质来制备。若分解反应不可逆,则只需将反应物加热到指定温度,分解反应即可顺利进行。某些复杂的反应必须考虑到发生可逆反应。例如碱土金属、锂的碳酸盐和氢氧化物的热分解,被分解的物质与反应中逸出的气态物质处于平衡状态。

$$CaCO_3 \xrightleftharpoons{\quad} CaO + CO_2$$

在一定温度下气相物质达到一定浓度时,分解过程可能终止。例如在 600 ℃、800 ℃和 890 ℃时,碳酸钙上面的二氧化碳压力相应地等于 239 Pa、10^3 Pa 和 10^5 Pa,因而如果碳酸钙的分解作用在二氧化碳气氛中进行,则反应只有在高于

897 ℃时才能顺利进行(使溢出 CO_2 气体的压力大于 100 kPa)。在空气中于 600 ℃时,碳酸钙也能很好地分解,因为产生的二氧化碳压力大于它在大气中的分压。如果分解块状物质,它的内部细孔隙中可以产生的二氧化碳浓度较大,此时分解过程应该终止。实际上由于二氧化碳逐渐地从碳酸盐块中排出以及氧气、氮气在它们中扩散,分解反应仍能进行。分解速率取决于这些扩散过程,由此可知,相同条件下小粒物质将比块状物质更快地分解。但是如果把碳酸盐磨碎成粉末状,并以厚层状倒入,则分解作用急剧地延缓。

2. 反应仪器及操作

将准确称量的块状物质放入坩埚中,并将坩埚加热到大约 900 ℃,使用玻璃灯(带空气的甲烷)则温度能达到 1100 ~ 1200 ℃,在氧鼓风下温度可提高到 1500~1800 ℃。在煤气灯上加热时可能使制得的氧化物部分还原,例如氧化铝还原生成金属铝等。因此最好利用电炉或马弗炉,温度也易于控制。对于用火焰加热坩埚的反应,其温度测量可直接把热电偶放到反应物中,未熔化的物质通常与热电偶材料不发生作用。在加热固体物质时,坩埚的材料几乎不沾污制得的物质。若物质熔化(如三氧化二硼等),则可能被坩埚材料沾污。由氧化铝制得的刚玉坩埚和由氧化锆(Ⅳ)制得的锆坩埚在化学上是十分稳定的。

用热分解法可制备许多氧化物,其中大多数在空气中稳定。某些氧化物能与二氧化碳化合,因此需要将它们迅速地转移入塞紧的玻璃瓶中。而 CoO、NiO、MnO 等氧化物能部分与氧结合,应将它们尽可能地迅速冷却。

3. 热分解类型和实例

氧在自然界中多以含氧酸盐的形式存在,如碳酸盐、硝酸盐及草酸盐等,而且许多金属特别是重金属的这些盐类很不稳定,受热分解往往生成金属氧化物。由于盐类提纯比较容易,而且盐的分解通常进行得很彻底,所以常用热分解法制备金属氧化物。

1) 碳酸盐热分解

$$CaCO_3 \xrightarrow{900\ ℃} CaO + CO_2 \uparrow$$

$$CdCO_3 \xrightarrow{480\sim600\ ℃} CdO + CO_2 \uparrow$$

$$CuCO_3 \cdot Cu(OH)_2 \xrightarrow{800\ ℃} 2CuO + CO_2 \uparrow + H_2O \uparrow$$

$$MgCO_3 \xrightarrow{540\ ℃} MgO + CO_2 \uparrow$$

2) 硝酸盐热分解

$$2Ni(NO_3)_2 \xrightarrow{800\ ℃} 2NiO + 4NO_2 \uparrow + O_2 \uparrow$$

$$2Hg(NO_3)_2 \xrightarrow{390\ ℃} 2HgO(红色) + 4NO_2 \uparrow + O_2 \uparrow$$

这是干法制 HgO 的反应。

3）草酸盐热分解

$$RE_2(C_2O_4)_3 \xrightarrow{\triangle} RE_2O_3 + 3CO\uparrow + 3CO_2\uparrow \quad （RE 为稀土金属）$$

$$FeC_2O_4 \xrightarrow{\text{隔绝空气加热}} FeO + CO\uparrow + CO_2\uparrow$$

4）铵盐（含氧化性酸根）热分解

$$2NH_4VO_3 \xrightarrow{\triangle} V_2O_5 + 2NH_3 + H_2O\uparrow$$

$$(NH_4)_2Cr_2O_7 \xrightarrow{\triangle} N_2\uparrow + Cr_2O_3 + 4H_2O\uparrow$$

5）氢氧化物或含氧酸热分解

$$2Al(OH)_3 \xrightarrow{\triangle} Al_2O_3 + 3H_2O$$

$$2RE(OH)_3 \xrightarrow{\triangle} RE_2O_3 + 3H_2O$$

$$H_2WO_4 \xrightarrow{\triangle} WO_3 + H_2O$$

6）高氧化态氧化物分解

$$2CuO \xrightarrow{>1273\ K} Cu_2O + \frac{1}{2}O_2\uparrow$$

$$4CrO_3 \xrightarrow{\triangle} 2Cr_2O_3 + 3O_2\uparrow$$

【思考题】

1-1　理解氧化还原反应在无机物制备中的作用。

1-2　哪些金属的硝酸盐分解可得氧化物？

1.2　金属卤化物的制备

　　所有金属都可以形成卤化物。碱金属元素（锂除外）、碱土金属元素（铍除外）、大多数镧系元素、某些低氧化态的 d 区元素、锕系元素的卤化物和几乎所有金属的氟化物都是离子型化合物。多数金属卤化物表现对水的强亲和作用，故一般较多地以水合物的形式存在。虽然水合金属卤化物在通常的水溶液反应体系中有广泛的应用，但对许多特定的用途而言，则必须使用无水卤化物，如用于非水介质中合成某些金属配合物（当配体竞争不过水或金属卤化物而发生强烈水解时），用于合成金属有机配合物，用于有机反应的催化剂（如 $AlCl_3$、$FeCl_3$、$ZnCl_2$、SbF_3 等），用于制备金属醇盐等。无水卤化物在实际应用中有着非常特殊的地位。

　　金属与卤素相互作用容易形成金属卤化物，其中多数是以水合形式存在的。人们试图简单地采用水合物加热脱水的方法来制备无水卤化物，但往往由于强烈的水解倾向而无法实现。因此,制备无水卤化物可应用以下特定的方法来完成:直接卤化法、氧化物转化法、水合盐脱水法、置换法、氧化还原法、热分解法等。

1.2.1　直接卤化法

卤素是典型的活泼非金属元素,能与许多金属直接化合生成卤化物。由于卤化物的标准生成自由能是负值,所以由单质直接卤化合成卤化物应用范围很广。碱金属、碱土金属、Al、Ga、In、Sn 及过渡金属等都能直接与卤素化合。过渡金属卤化物具有强烈的吸水性,遇水(包括空气中的水蒸气)会迅速反应而生成其水合物。因此,这些卤化物必须采用直接卤化法合成。这种方法操作简便,是制备无水卤化物的常见方法,但需要注意严格控制合成温度。例如实验 6 无水四氯化锡的制备:$Sn + 2Cl_2 \Longrightarrow SnCl_4$。直接卤化法有时需要在非水溶液中进行,如实验 7 四碘化锡的制备以冰醋酸为溶剂。

1.2.2　氧化物转化法

金属氧化物一般容易制得,且易于制得纯品,所以人们广泛地研究由氧化物转化为卤化物的方法,但这个方法仅限于制备氯化物和溴化物。主要的卤化剂有四氯化碳、氢卤酸、卤化铵、PCl_5、六氯丙烯等。例如

$$Cr_2O_3 + 3CCl_4 \Longrightarrow 2CrCl_3 + 3COCl_2$$

根据元素的氧化物转化为卤化物的标准自由能变化 $\Delta G^{\ominus}$(25 ℃)可以看出,许多元素的氯化物比其氧化物更稳定,所以很多氧化物转化为氯化物在热力学上完全是可能的。但在常温下反应速率很慢,氯化反应的速率随温度的升高而加快,但氯化反应的平衡常数随着温度升高而减小,即升温平衡逆向移动,对合成不利。因此,要选择一个最适宜的氯化温度,才能使平衡常数和反应速率对于相应的制备反应最有利。对于不同的化合物来说,最佳反应温度不同,如碱土金属和稀土氧化物在 250～330 ℃时已能转化为氯化物,而铂、铝、钛、钴等氧化物需约 400 ℃的温度才能转化,三氧化二铬要在 600 ℃以上才能转化为氯化物。

1.2.3　水合盐脱水法

金属卤化物的水合盐经脱水可制备无水金属卤化物,但必须根据实际情况备有防止水解的措施。例如,镁和镧系的水合卤化物,为防止水解可在氯化氢气流中加热脱水;镁、锶、钡、锡(Ⅱ)、铜、铁、钴、镍和钛(Ⅲ)的氯化物可以在光气的气流中加热脱水;水合三氯化铬可在 CCl_4 气体中加热脱水。

周期表中所有金属的水合卤化物都可以用氯化亚硫酰 $SOCl_2$ 作为脱水剂制备无水卤化物。因为 $SOCl_2$ 是亲水性很强的物质,它与水反应生成具有挥发性的产物,即

$$SOCl_2 + H_2O \xrightarrow{\quad\quad} SO_2\uparrow + 2HCl\uparrow$$

所以它用作脱水剂特别有效。例如

$$FeCl_3 \cdot 6H_2O + 6SOCl_2 \xrightarrow{\quad\quad} FeCl_3 + 6SO_2\uparrow + 12HCl\uparrow$$

$$NiCl_2 \cdot 6H_2O + 6SOCl_2 \xrightarrow{\quad\quad} NiCl_2 + 6SO_2\uparrow + 12HCl\uparrow$$

该方法的缺点是残存的痕量 $SOCl_2$ 很难除净。

1.2.4　置换法

根据置换剂不同,将制备无水金属卤化物的置换反应分为两类。

第一类是以卤化氢作为置换剂的置换反应。将溴化氢气流导入回流的 $TiCl_4$,即迅速而平稳地形成 $TiBr_4$。

$$TiCl_4 + 4HBr \xrightarrow{230\ ℃} TiBr_4 + 4HCl$$

$$VCl_3 + 3HF \xrightarrow{600\ ℃} VF_3 + 3HCl$$

第二类是以盐类作为置换剂的置换反应。在这类置换反应中所用的盐多为汞盐。

$$2In + HgBr_2 \xrightarrow{\quad\quad} 2InBr + Hg$$

$$HgSO_4 + 2NaCl \xrightarrow{\quad\quad} Na_2SO_4 + HgCl_2$$

1.2.5　氧化还原法

1. 用氢气作为还原剂

用氢气还原高价卤化物能制备低价金属卤化物。例如

$$2TiCl_4 + H_2 \xrightarrow{\quad\quad} 2TiCl_3 + 2HCl$$

用氢还原制备低价无水金属卤化物时,控制温度特别重要。一般来说,温度越高,生成的卤化物中金属的价态越低;温度太高,甚至可能还原成金属。例如

$$2VCl_3 + H_2 \xrightarrow{675\ ℃} 2VCl_2 + 2HCl$$

$$2VCl_3 + 3H_2 \xrightarrow{>700\ ℃} 2V + 6HCl$$

2. 用金属、盐类等作为还原剂

在约 800 ℃ 的温度下,$TiCl_4$ 在氩气中用 Mg 或 Na 还原,得到相应卤化物。

$$TiCl_4 + 2Mg \xrightarrow{\quad\quad} Ti + 2MgCl_2$$

用 $SnCl_2$ 还原 $MoCl_5$ 制备 $MoCl_3$,$MoCl_3$ 还原性强,需要氮气保护。

$$MoCl_5 + SnCl_2 \xrightarrow[\triangle]{N_2} MoCl_3 + SnCl_4$$

3. 用卤素作为氧化剂

CoF_3 是重要的氟化剂,在许多氟化反应中用作单质氟的代用品。用氟氧化 $CoCl_2$ 可以成功地制备 CoF_3。

$$2CoCl_2 + 3F_2 \longrightarrow 2CoF_3 + 2Cl_2$$

用 F_2 氧化 $AgCl$ 得到 AgF_2,也是有效的氟化剂。

$$2AgCl + 2F_2 \longrightarrow 2AgF_2 + Cl_2$$

4. 用卤化氢作为氧化剂

卤化氢在一定条件下可以氧化金属,氢被还原为氢气。例如,金属铁在高温下与氯化氢或溴化氢反应可以得到铁(Ⅱ)的化合物,反应必须在氮气中进行。

$$Fe(还原铁粉) + 2HCl \longrightarrow FeCl_2 + H_2 \uparrow$$

1.2.6　热分解法

利用热分解法制备无水金属卤化物,一要注意温度的控制,二要注意反应气氛的控制。反应如下

$$ReCl_5 \longrightarrow ReCl_3 + Cl_2 \quad (该反应温度不需严格控制)$$
$$2VCl_4 \longrightarrow 2VCl_3 + Cl_2$$
$$PtCl_4 \longrightarrow PtCl_2 + Cl_2$$

$PtCl_2$ 在 $435 \sim 581\ ℃$ 是稳定的,但温度超过 $581\ ℃$ 时即分解,所以制备反应宜在 $450\ ℃$ 下进行。

【思考题】

1-3　熟悉金属卤化物的制备方法,制备无水金属卤化物时应注意什么问题?

1-4　通过金属卤化物制备方法的学习,结合教材中实验项目,总结出制备金属卤化物的方法和注意事项。

1.3　含氧酸盐的制备

制备含氧酸盐的方法主要有:①氧化法,如酸与金属反应,碱与两性金属、非金属作用制备含氧酸盐,氧化低氧化态化合物制备高氧化态的含氧酸盐;②复分解法,如酸与盐的作用,盐在溶液中的相互作用,酸与金属氧化物或氢氧化物作用;③电解法,这是制备含氧酸盐的重要方法,多用于较高或较低氧化态的化合物,如高锰酸钾、过二硫酸钾、卤素的含氧酸盐等的制备。下面分别介绍三种方法。

1.3.1 氧化法

1. 酸与金属反应

活泼金属与盐酸、稀硫酸等反应可以生成含氧酸盐,浓硫酸和硝酸与许多不活泼金属也能生成含氧酸盐。用金属与酸作用可以制备的含氧酸盐有 Pb、Fe、Co、Ni、Mn、Al、Mg、Zn、Cd、Hg、Cu、Ag 等的硝酸盐和硫酸盐。例如

$$Fe + H_2SO_4(稀) \Longrightarrow FeSO_4 + H_2 \uparrow$$
$$Cr + H_2SO_4(稀) \Longrightarrow CrSO_4 + H_2 \uparrow$$
$$2Cr + 6H_2SO_4(浓) \Longrightarrow Cr_2(SO_4)_3 + 6H_2O + 3SO_2 \uparrow$$
$$Ni + 4HNO_3(浓) \Longrightarrow Ni(NO_3)_2 + 2H_2O + 2NO_2 \uparrow$$
$$Sn + 4H_2SO_4(浓) \xrightarrow{\triangle} Sn(SO_4)_2 + 4H_2O + 2SO_2 \uparrow$$

某些金属在冷硝酸中由于金属的钝化作用不能溶解,需要在沸热的浓硝酸中才能反应。当硫酸与某些金属的相互作用进行得很慢时,可先将金属溶解在盐酸或盐酸与硝酸的混合物中,然后加入硫酸,蒸发,便可转化为硫酸盐。例如制备硫酸镍时,镍耐浓硫酸腐蚀,反应速率很慢。据实验证实,采用 63% 的 H_2SO_4 才能看出略有作用。制备时用 1:1 硫酸溶解镍的同时加少量硝酸,煮沸,以加快镍的溶解,反应完后蒸发。此时由于硫酸过量,硝酸镍便可转化为硫酸镍,结晶可得到 $NiSO_4 \cdot 7H_2O$。

$$Ni(NO_3)_2 + H_2SO_4 \Longrightarrow NiSO_4 + 2HNO_3 \uparrow$$

2. 碱与两性金属、非金属作用

Al、Zn、Sn、Cr 等两性金属,B、P、S、卤素等非金属都能与碱作用生成含氧酸盐。例如

$$Zn + 2NaOH + 2H_2O \Longrightarrow Na_2[Zn(OH)_4] + H_2 \uparrow$$
$$2B + 2NaOH + 6H_2O \xrightarrow{\triangle} 2Na[B(OH)_4] + 3H_2 \uparrow$$
$$4P + 3NaOH + 3H_2O \xrightarrow{\triangle} 3NaH_2PO_2 + PH_3 \uparrow$$
$$3Cl_2 + 6NaOH \xrightarrow{\triangle} 5NaCl + NaClO_3 + 3H_2O$$
$$3I_2 + 6NaOH \Longrightarrow 5NaI + NaIO_3 + 3H_2O$$

3. 氧化低氧化态化合物制备高氧化态的含氧酸盐

$$2NaCrO_2 + 3H_2O_2 + 2NaOH \Longrightarrow 2Na_2CrO_4 + 4H_2O$$
$$Cl_2 + NaIO_3 + 2NaOH \xrightarrow{\triangle} NaIO_4 + 2NaCl + H_2O$$

$$3MnO_2 + KClO_3 + 6KOH \xrightarrow{\text{熔融}} 3K_2MnO_4 + KCl + 3H_2O$$

（实验 12 中锰酸钾的制备反应）

1.3.2　复分解法

由两种化合物互相交换成分,生成另外两种化合物的反应,称为复分解反应,可简记为 AB＋CD ══ AD＋CB。

复分解反应发生的条件有:①有难溶物质生成;②有易挥发物质(气体)生成;③有难电离的物质生成(包括弱酸、弱碱、水)。这三个条件只需具备其中之一,反应即可发生。

1. 酸与氧化物、氢氧化物作用

用该法制备含氧酸盐,方法简单、反应安全,用途最广,许多硝酸盐、硫酸盐、磷酸盐、碳酸盐、氯酸盐、醋酸盐、高氯酸盐等都可用此法制备。例如

$$CuO + 2HNO_3 ══ Cu(NO_3)_2 + H_2O$$
$$FeO + H_2SO_4 ══ FeSO_4 + H_2O$$
$$PbO + 2HAc ══ Pb(Ac)_2 + H_2O$$
$$CO_2 + Ca(OH)_2 ══ CaCO_3 \downarrow + H_2O$$

2. 酸与盐作用

用酸与盐作用制备某些盐时,最常用的原料是碳酸盐(或碱式碳酸盐),这时可制得很纯的化合物。例如

$$CoCO_3 \cdot 3Co(OH)_2 + 8HCl ══ 4CoCl_2 + 7H_2O + CO_2 \uparrow$$

在此方法中,其他酸的盐很少为原料,因为制得的盐中可能含有原料盐的杂质。碳酸钙、碳酸钡、碳酸镁等与硝酸作用可得相应的硝酸盐。

3. 酸性氧化物与碱性氧化物的高温反应

许多盐也可以通过高温固相反应制得,如钨、钼、钛、锆、硅等的氧化物与碱性氧化物(或碳酸盐)等物质的量混合,高温煅烧,即可制得相应的含氧酸盐。例如

$$Na_2CO_3 + SiO_2 ══ Na_2SiO_3 + CO_2 \uparrow$$
$$BaCO_3 + TiO_2 ══ BaTiO_3 + CO_2 \uparrow$$

该法对于弱酸或弱酸盐的制备特别有用,因为它们易水解,不能在水溶液中制备。

4. 盐与盐作用

盐与盐作用方法简单,应用极广,常用于制备多种不同的盐。

利用盐与盐作用制取所需产品,一般要求作为反应物的两种盐在水中溶解度比较大,作为生成物的盐溶解度比较小,且在一定温度范围内能成为固体析出。根据生成物状态也可有三种情况:

(1) 复分解反应析出的固体结晶就是所需产品。

实验 9 中,硝酸钾的制备是利用氯化钾和硝酸钠的复分解反应:

$$NaNO_3 + KCl \longrightarrow NaCl + KNO_3$$

根据 NaCl 的溶解度随温度变化不大,在高温时 KCl、KNO_3 和 NaNO_3 具有较大或很大的溶解度而温度降低时溶解度明显减小(如 KCl、NaNO_3)或急剧下降(如 KNO_3),利用这种差别,加热 KCl、NaNO_3 混合液,趁热滤去 NaCl,冷却滤液即可析出硝酸钾晶体。

综合 3 中制备重铬酸钾的最后一步也是利用 $Na_2Cr_2O_7$ 和 KCl 的复分解反应生成 $K_2Cr_2O_7$。

$$Na_2Cr_2O_7 + 2KCl \longrightarrow K_2Cr_2O_7 + 2NaCl$$

温度对 NaCl 的溶解度影响很小,但对 $K_2Cr_2O_7$ 的溶解度影响较大,所以将溶液浓缩后冷却,则有 $K_2Cr_2O_7$ 晶体析出,而 NaCl 仍留在溶液中。

(2) 复分解反应所得产物需进一步加工才能得到产品。

例如,以 NaCl 和 NH_4HCO_3 为原料制备 Na_2CO_3 的两个反应为

$$NaCl + NH_4HCO_3 \longrightarrow NH_4Cl + NaHCO_3$$

$$2NaHCO_3 \xrightarrow{\triangle} Na_2CO_3 + CO_2 \uparrow + H_2O$$

根据溶解度数据可知,当温度超过 35 ℃时,NH_4HCO_3 就开始分解,若温度太低则影响 NH_4HCO_3 的溶解度,所以温度控制在 30 ℃,此时 $NaHCO_3$ 的溶解度也很低。因此,将细的固体 NH_4HCO_3 溶于浓 NaCl 溶液,充分搅拌后就析出 $NaHCO_3$ 晶体。加热 $NaHCO_3$,其分解产物即是 Na_2CO_3。

(3) 生成物的两种盐都是沉淀,它们的混合物就是产品。

例如硫酸锌和硫化钡发生复分解反应时,生成硫化锌和硫酸钡两种盐的沉淀混合物,经过滤、洗涤和高温焙烧,成为白色颜料锌钡白(立德粉)。

$$BaS + ZnSO_4 \longrightarrow ZnS \downarrow + BaSO_4 \downarrow$$

盐在水溶液中的饱和浓度与温度有关。除了生成物是溶解度很小的盐外,复分解反应过程中,原料盐的一次利用率(或称转化率)通常不会很高,需要将分离固体结晶后的母液循环使用,以提高总利用率。

1.3.3　电解法

电解法广泛用于冶金工业中,近年来其在无机合成方面的应用已引起了精细化学合成工业界的极大兴趣和重视。对于对材料纯度要求很高的原子能、宇航技

术、半导体技术等,电解法有其独特之处。

　　电解是最强的氧化还原制备手段,因为在电解中可以施加非常高的电压,所以它能达到任何一般化学试剂所达不到的氧化或还原能力。例如 F_2 和 Na 的制备,因为 F_2 的氧化能力极强,而 Na 的还原能力极强,所以用一般的化学方法无法制备它们,只能采用熔盐电解法。

$$2KHF_2(l) \longrightarrow F_2(g) + H_2(g) + 2KF(l)$$
$$2NaCl(l) \longrightarrow 2Na(l) + Cl_2(g)$$

　　电解法一般分为水溶液电解和非水溶液电解,其中非水溶液电解又分为熔盐电解和非水溶剂电解。有关水溶液电解的理论和实践的研究较为完善,其应用广泛、工艺成熟,但由于在水溶液中水本身被电解为氢气和氧气,则那些标准电极电势比氢电极电势负的金属离子的析出受到影响,所以水溶液电解的应用受到一定程度的限制。

　　熔盐电解是利用熔融体导电来进行电解,它可以克服水溶液电解的局限性,扩大了电解的应用范围。在许多情况下,电解熔盐与电解相应盐类的水溶液,在电极上可以得到大致相同的产物,从电化学角度看,它们之间并没有原则性的区别,都服从法拉第定律,但熔盐体系本身还有其独特的物理化学性质,且一般都是在高温下进行的。因此,对熔盐体系的导电、电解中离子的迁移、电极过程等的研究已形成了独特的体系和专门的操作技术,即熔盐电化学。熔盐电解的最大缺点是在高温下进行电解操作,耗能大,对设备腐蚀极大,往往给工艺带来一些困难。

　　电解合成反应在无机合成中的作用和地位日益重要。与传统的化学反应过程相比,电氧化还原过程有下列优点:①在电解中能提供高电子转移的功能,这种功能可以使之达到一般化学试剂所不具有的氧化还原能力,如特种高氧化态和还原态的化合物可被电解合成出来;②合成反应体系及其产物不会被还原剂(或氧化剂)及其相应的氧化产物(或还原产物)所污染;③由于能方便地控制电极电势和电极的材质,因而可选择性地进行氧化或还原,从而制备出许多特定价态的化合物,这是任何其他化学方法所不及的;④由于电氧化还原过程的特殊性,因而能制备出其他方法不能制备的许多物质和聚集态。近年来无机化合物的电解合成应用和开发越来越广。

1. 水溶液电解基本概念

　　使电流通过电解质溶液(或熔融液)而引起氧化还原反应的过程称为电解。这种借助于电流而进行氧化还原反应的装置称为电解池或电解槽。在电解槽中,与直流电源正极相连的电极称为阳极,与直流电源负极相连的电极称为阴极;在阳极上发生的是氧化反应,在阴极上发生的是还原反应。

　　1) 电解定律——法拉第定律

　　在电解过程中,电极上发生变化的物质的质量与通过的电量成正比,并且每通过 1 F 电量(96500 C 或 26.8 A·h)可析出 1 mol 任意物质。用数学式可表示为

$$m = \frac{QM}{nF} = \frac{ItM}{nF}$$

式中,m 为析出物质的质量(单位 g);Q 为电量(单位 C);I 为电流(单位 A);t 为电流通过的时间(单位 s);n 为反应的电子的量;M 为摩尔质量(单位 $g \cdot mol^{-1}$)。

　　2) 电流密度

　　电流密度是指每单位电极面积上所通过的电流强度,一般用浸于电解液的电极表面积与通过的电流强度的比值来描述。例如某电解槽内悬挂阳极板 21 块,阴极板 20 块,阴极长 1 m,宽为 0.7 m,每槽通过的电流为 6160 A,则阴极电流密度为

$$\frac{6160 \text{ A}}{1 \text{ m} \times 0.7 \text{ m} \times 2 \times 20} = 220 \text{ A} \cdot \text{m}^{-2}$$

　　3) 电解电压(槽电压)

　　为了电解反应的进行,必须在电解槽上施加的外电压通常称为槽电压。槽电压等于电解反应理论分解电压、超电压、电解液内阻电压降及外阻电压降之和,即

$$E_t = E_d + E_\Omega + E_R + E_w$$

式中,E_t 为槽电压,是电解时所施加的总电压;E_d 为理论分解电压,是使电解反应顺利进行而必须施加的最小外电压,它等于与电解反应方向相反的原电池的可逆电动势,可由能斯特(Nernst)公式求得;E_Ω 为电解液的内阻电压降,主要由浓差极化引起,其值与电解液的电阻率、电流强度以及极间距有关;E_R 为外阻电压降,与装置、导线有关,其值常由经验确定;E_w 为超电压,由电极的电化学极化引起,它等于阴极超电势 $E_阴$ 及阳极超电势 $E_阳$ 之和。

　　在不溶性阳极电解中,氧在阳极上的超电势很高,金属在阳极上的超电势除锌(0.02～0.03 V)及铁、钴、镍之外,其他的均可忽略不计,氢在阴极上的超电势相当可观。

　　影响超电势的因素有:①电极材料。在镀铂的铂黑电极上氢的超电压很小,氢在铂黑电极上析出的电极电势在数值上接近于理论计算值。若以其他金属作阴极,要析出氢必须使电极电势较理论值更负。②析出物质的形态。一般说来金属的超电压较小,而气体物质的超电压比较大。③电流密度。一般规律是电流密度增大,则超电压也随之增大。

　　4) 电解效率

　　电解过程的效率常用电流效率和电能效率来衡量。前者用来衡量电解过程中的电量利用情况,后者用来衡量电解过程中的电能利用情况。

　　电流效率是指电解过程中电量的有效部分与总电量的百分比,或实际所得主

体产物的量与相同条件下按法拉第定律计算所得产物理论量的百分比。

$$\eta_{电流} = \frac{电量的有效部分}{总电量} \times 100\% = \frac{m_{实际}}{m_{理论}} \times 100\%$$

由此可见，欲提高电流效率，必须提高实际析出物质的量，所以在实际电解过程中应尽量减少副反应，防止漏电。在实际生产中，电流效率一般可达 90%～95%，在特殊实验条件下可达 100%。

电能效率是指电解过程中析出产物所需的理论电能 W_o 与实际消耗的电能 W_t 的百分比，即

$$\eta_{电能} = \frac{W_o}{W_t} \times 100\%$$

析出产物的理论电能等于理论电量与理论分解电压之积，即

$$W_o = 理论电量 \times 理论分解电压 = I_o t E_d$$

产物的实际消耗电能等于实际通入的电量与槽电压之积，即

$$W_t = 实际通入电量 \times 槽电压 = I t E_t$$

所以

$$\eta_{电能} = \frac{I_o}{I} \times \frac{E_d}{E_t} \times 100\% = \eta_{电流} \times \frac{E_d}{E_t}$$

可见，电流效率与电能效率是两个不同的概念，后者一般仅为 50%～60%，这主要是由电极反应的不可逆性以及不可避免的超电压引起的。

由电能效率的数学表达式可知，欲提高电能效率，可以通过两个途径：提高电流效率和降低槽电压。为此，可降低电解液的电阻率（提高其电导率），适当提高电解液的温度和缩短电极之间的距离（减少浓差极化），选择适当的电极材料，减少电极的极化作用等。

5）电解过程中的影响因素

影响电解过程的因素很多，如电解电压、电流密度、电极材料、电解液组成、电解温度等，它们不但影响电解效率，而且影响电解产物的纯度、性能和外观。

（1）电解电压。电解电压是影响电解过程的关键因素，它的大小直接影响着产物的纯度和电能效率。

如前所述，电解电压由理论分解电压、超电压、电解液内阻电压降和电解槽外阻电压降决定，而其中超电压的大小与电极材料及电流密度有关，电解液内阻电压降与电解液的组成有关，温度的高低也影响电解电压。

（2）电流密度。电流密度对电解过程的影响表现在两个方面。一方面电流密度的大小决定电解过程的速率及产物的纯度。大的电流密度能加速电解反应，提高电解能力。但是，电流密度增加将使极化作用加强，提高了电解电压，导致副反应加快，所以为提高产物的纯度和电能效率，应适当降低电流密度。但是，电流密

度过小又会降低电解能力。此矛盾可通过维持相当大的电流强度、增大电极面积来解决。

另一方面,电流密度的大小还影响阴极析出物的状态。在低电流密度下,离子的放电速度慢,使得晶体成长速度大于晶核生成速度,得细颗粒沉积物;当电流密度过大时,放电速度很快,使得放电离子在阴极附近浓度降低,结果晶粒伸向离子浓度较高的方向而成树枝状;当电流密度达极限时,其他离子或氢析出,而使得产物的纯度及电流效率降低。同时由于氢的析出,生成的产物为多孔的海绵状,并且阴极电解液显碱性,可能会有氢氧化物或碱式盐沉淀生成。

(3)电极材料。电极材料应根据反应的性质来选择。选用电极材料除应考虑不污染产物外,还应考虑超电势的大小。当超电势对电解过程有利时,应选铅、汞、锌、铂等超电势高的电极材料为电极;反之,则应选超电势低的电极材料为电极。

(4)电解液的组成。在电解过程中,制备电解液是相当重要的。所用电解液应具有良好的性质,以保证高的电解效率。一般要求:主体电解质必须稳定;导电性能良好;具有一定的 pH;能使产物有较好的析出状态;尽可能不产生有害气体及发生副反应。

电解液的成分大体分为两种:主体电解质和附加物质。主体电解质是电解反应的组成成分。主体电解质浓度增大,可降低电解电压,提高产物纯度。但是主体电解质浓度也不能过高,否则由于电解过程中溶剂不断地蒸发,会发生主体电解质结晶析出的现象,此外还会增大电解液的电阻率及黏度。这样将引起电解液内阻电压降增大,降低电能效率,同时使扩散速度减慢,对电解不利。所以在电解时,主体电解质浓度需适当控制。

附加物质在电解过程中本身并不参与电解反应,它的加入有各种不同的目的,有的是为了降低电解液的电阻率,有的是为了维持电解液的 pH,有的则是为了改善阴极沉积物质的沉淀状态。

(5)电解温度。温度在电解过程中从各个不同的方面影响电解电压。从能斯特公式可知,温度对理论分解电压有影响,但是对于水溶液电解,电解温度在 $0 \sim 100\ ℃$,而在此范围温度对理论分解电压的影响较小,对电解液的电导却影响很大。温度升高,离子迁移速度加快,电阻率减小,从而使内阻电压降减小,电解电压降低,电能效率提高。

另外,由于氢和氧的超电压比其他大多数物质的超电压都高,温度略为降低,可导致 H_2 和 O_2 的生成速率比所需产物的生成速率低得多。

温度对电解过程的影响很复杂,一般由实验确定。

(6)极间距离与隔膜。电解的主要设备是电解槽,通常用不被电解液腐蚀的材料制成。工业上一般采用橡胶或塑料衬里的铁制或水泥制电解槽,在实验中常用有机玻璃或玻璃电解槽。

电极排列可分为竖式交错排列和水平排列。例如,汞齐法电解制备氢氧化钠时,石墨阳极与汞阴极呈水平排列,而金属电解制备中阴阳极常用竖式交错排列。

理论上,电解槽中阴极和阳极之间的距离越小越好,因为电解液所呈现的内阻与极间距离成正比,与浸入电解液的电极面积成反比,所以缩短极间距离可降低电解电压,提高电能效率。但是也不能无限制地缩小,必须防止阴阳极接触而短路,以及阴极产物向阳极扩散又被氧化,阳极产物向阴极扩散又被还原。为此,常用隔膜将两极分开。采用的隔膜要求:不受电解液腐蚀;具有适当的孔隙度、厚度、透过系数、电阻等;具有适当的机械强度。表 1-1 列出了一些工业上常用的隔膜材料及其使用条件。

表 1-1　工业上常用的隔膜材料及使用条件

电解用隔膜材料	使用条件	电解用隔膜材料	使用条件
石棉板	中性、碱性	合成高分子	中性、酸性、碱性
烘磁板	酸性、中性	棉布	中性

2. 水溶液电解制备含氧酸盐

在电解过程中,阳极发生氧化反应,阴极发生还原反应,因此可利用电解手段由阳极制备氧化型产物,由阴极制备还原型产物。

1) 电解氧化(阳极)制备

对于电解氧化制备,必须使阳极上不析出氧气,否则会降低电流效率。因此,应选用氧超电势高的电极材料作阳极,阴极则选择氢超电势低的电极材料。

(1) 氯酸钠电解氧化制备高氯酸钠。电解通常在无隔膜电解槽中进行。用铂或过氧化铅等氧超电势高的材料作阳极,用铂或不锈钢等氢超电势低的材料作阴极,电解液温度 30 ℃。电解液组成为 $NaClO_3$ 750 g·L^{-1},NaF 2 g·L^{-1}。为了防止产物在阴极还原,可在电解液中加入少量 $Na_2Cr_2O_7$,使阴极表面生成一层保护膜,减少产物还原所造成的损失。

阳极反应　　　$ClO_3^- + H_2O \rule[0.5ex]{2em}{0.4pt} ClO_4^- + 2H^+ + 2e^-$

阴极反应　　　$2H_2O + 2e^- \rule[0.5ex]{2em}{0.4pt} 2OH^- + H_2$

总反应　　　　$NaClO_3 + H_2O \rule[0.5ex]{2em}{0.4pt} NaClO_4 + H_2$

(2) 过二硫酸钾($K_2S_2O_8$)的电解氧化制备。以 $KHSO_4$ 为原料,电极材料均选用铂,并且阴极为薄片状,以减小阴极电流密度,降低氢的超电势,阳极选用铂丝以提高电流密度,提高氧的超电势。极间距不能太近,以防止 $S_2O_8^{2-}$ 向阴极扩散被还原,一般用隔膜隔开。电解液温度为 0 ℃左右,电流强度为 1.5 A。

阳极反应 $\qquad$ $2HSO_4^- \Longrightarrow S_2O_8^{2-} + 2H^+ + 2e^-$

阴极反应 $\qquad$ $2H^+ + 2e^- \Longrightarrow H_2$

总反应 $\qquad$ $2KHSO_4 \Longrightarrow K_2S_2O_8 + H_2$

为使 $K_2S_2O_8$ 最大限度地生成,并使 O_2 的生成限制在最小程度,必须注意尽量提高阳极电流密度和电解液的浓度,在尽可能低的温度下进行。另外,为减少阴极对 $S_2O_8^{2-}$ 的还原作用,常使用隔膜电解法。

(3) 高锰酸钾的电解氧化制备。电解法制备高锰酸钾的起始原料为软锰矿(主要成分为 MnO_2),先将软锰矿浸入 $50\% \sim 80\%$ 的 KOH 溶液,在 $200 \sim 700\ ℃$ 加热使之氧化成锰酸钾。

$$2MnO_2 + 4KOH + O_2 \xrightarrow{200 \sim 700\ ℃} 2K_2MnO_4 + 2H_2O$$

将所制成的锰酸钾碱性溶液(含 K_2MnO_4 $100 \sim 250\ g \cdot L^{-1}$,KOH $1 \sim 4\ mol \cdot L^{-1}$)电解。

阳极反应 $\qquad$ $2MnO_4^{2-} \Longrightarrow 2MnO_4^- + 2e^-$

阴极反应 $\qquad$ $2H_2O + 2e^- \Longrightarrow 2OH^- + H_2$

总反应 $\qquad$ $2MnO_4^{2-} + 2H_2O \Longrightarrow 2MnO_4^- + 2OH^- + H_2$

电解时采用 Ni 阳极或 Ni/Cu 阳极,阴极用铁或钢,温度为 333 K,阳极反应要求在一个非常低的电流密度范围($5 \sim 150\ mA \cdot cm^{-2}$)内进行,而且通常在此范围的低端进行。即便这样仍会放出一些氧气,电流效率在 $60\% \sim 90\%$,产率一般超过 90%。电解槽一般不用隔膜,电解在搅拌下进行,因而在阴极将发生 $KMnO_4$ 被还原的副反应,从而降低电流效率。

(4) 碘酸钾的电解氧化制备。碱介质直接电解法制备碘酸钾时,将化学纯 I_2 粉、分析纯 KOH 加入阳极中,阴极加入分析纯 KOH。TiO_2/RuO_2 作阳极,Pt 丝作阴极。恒电流电解,电流密度为 $50\ mA \cdot cm^{-2}$,温度低于 $12\ ℃$。电解结束后取出阳极液,蒸发结晶得白色疏松状晶体,产品纯度为 99.2%,电流效率为 96.4%。

正极反应 $\qquad$ $I_2 + 12OH^- - 10e^- \Longrightarrow 2IO_3^- + 6H_2O$

负极反应 $\qquad$ $2H_2O + 2e^- \Longrightarrow 2OH^- + H_2 \uparrow$

总反应 $\qquad$ $I_2 + 2OH^- + 4H_2O \Longrightarrow 2IO_3^- + 5H_2 \uparrow$

2) 电解还原(阴极)制备

主要用来制备金属单质,其次用来制备用化学方法难以制备的低价化合物。

电解还原制备用于合成无机化合物的并不多,主要用来制备用通常的化学方法难以制备的低价化合物,且一般用不溶性电极材料作阳极。为提高电流效率,应选用氢超电势高的电极材料作阴极,阳极则选用氧超电势低的电极材料。例如在浓硫酸中,可将硫酸钛(Ⅳ)在阴极上还原为紫色的三价钛盐。

$$Ti(\text{IV}) + e^- \longrightarrow Ti(\text{III})$$

以隔膜法电解亚硫酸氢钠溶液,在大电流密度及冷却条件下,在阴极可得连二亚硫酸钠。

$$2NaHSO_3 + 2H^+ + 2e^- \longrightarrow Na_2S_2O_4 + 2H_2O$$

3) 阳极溶解制备

一般用于由金属制备金属盐。一般金属的盐将相应金属投入相应酸中即可方便制得,而对于难溶或易钝化的金属盐类,可用强氧化性酸或加氧化剂的方法得到,也可用电解法。

电解法是以相应的金属为阳极,相应的酸或盐为电解质:

阳极反应　　　　$M - ne^- \Longrightarrow M^{n+}$

阴极反应　　　　$2H^+ + 2e^- \Longrightarrow H_2$

故阴极应选氢超电势低的材料。

例如,直流电解合成 $NiSO_4$ 的条件:$1\ mol \cdot L^{-1}\ H_2SO_4$ 为电解液,阴、阳极均为金属镍,槽电压为 $5\sim7\ V$,电流密度为 $0.05\ A \cdot cm^{-2}$。

阳极上 Ni 放电　　　$Ni - 2e^- \Longrightarrow Ni^{2+}$

阴极上 H^+ 放电　　　$2H^+ + 2e^- \Longrightarrow H_2$

【思考题】

1-5　如何判断复分解反应进行的方向?

1-6　电解合成有哪些优缺点?适用于制备哪些含氧酸盐?

1-7　电解法制备含氧酸时,怎样选择电极材料?

1-8　电解过程中的影响因素有哪些?

（杨　骏　周娅芬）

实验 1　五氧化二钒的提纯

一、实验目的

(1) 学习五氧化二钒的性质及提纯原理。

(2) 掌握无机化合物提纯的一些基本操作。

二、预习要求

(1) 复习钒的相关化学性质,预习与提纯相关的基本操作。

(2) 查阅文献,了解五氧化二钒的用途及产品发展情况。

三、实验原理

五氧化二钒是两性氧化物,以酸性为主。五氧化二钒易溶于碱溶液(如 $NaOH$)中生成钒酸盐。随着 pH 的变化和钒酸盐浓度的不同,生成不同聚合度的多钒酸盐,在 pH 高时主要生成钒酸钠。

$$V_2O_5 + 6NaOH = 2Na_3VO_4 + 3H_2O$$

随着 pH 的下降,聚合度增大,溶液的颜色逐渐加深,由淡黄色变到深红色。

钒酸盐有正钒酸盐、焦钒酸盐和偏钒酸盐。这三种盐中,偏钒酸盐最稳定,正钒酸盐的稳定性最差,正钒酸盐溶液在煮沸时经焦钒酸盐的中间形式而最后变为偏钒酸盐。

$$2Na_3VO_4 + H_2O = Na_4V_2O_7 + 2NaOH$$
$$Na_4V_2O_7 + H_2O = 2NaVO_3 + 2NaOH$$

往偏钒酸盐和焦钒酸盐的溶液中加入氯化铵,可沉淀出白色的偏钒酸铵。

$$VO_3^- + NH_4^+ = NH_4VO_3 \downarrow$$
$$V_2O_7^{4-} + 4NH_4^+ = 2NH_4VO_3 \downarrow + 2NH_3 + H_2O$$

在空气中加热偏钒酸铵即可得到纯度较高的五氧化二钒。

$$2NH_4VO_3 = V_2O_5 + 2NH_3 \uparrow + H_2O \uparrow$$

本实验即是根据钒的上述性质进行五氧化二钒提纯。

四、实验器材与试剂

器材:烧杯,量筒,布氏漏斗,抽滤瓶,循环水泵,坩埚,电炉,干燥箱,马弗炉,广泛 pH 试纸。

试剂:$NaOH(s)$,粗钒,NH_4Cl(饱和,1%)。

五、实验内容

称取 0.4 g $NaOH$ 固体于烧杯中,加 30 mL 水溶解,加热,搅拌下逐步将 10 g 粗钒加到 $NaOH$ 溶液中,煮沸至粗钒全部溶解为止,调节溶液 pH 为 8~8.5。趁热抽滤除去杂质,将滤液转移到烧杯中,再加入热的饱和 NH_4Cl 溶液 15 mL,不断搅拌,待白色偏钒酸铵沉淀完全,静置冷却后抽滤。沉淀用 1% NH_4Cl 溶液洗涤三四次,然后将沉淀转移到小坩埚中,先放入干燥箱中于 80~100 ℃烘 1 h,再放入马弗炉中于 450~500 ℃恒温灼烧 1~5 h,即得淡黄色(或橙黄色)五氧化二钒粉末。称量产品,计算产率。

六、思考题

(1) 五氧化二钒易溶于酸,还是易溶于碱?为什么?

（2）在提纯五氧化二钒的过程中,影响产率和纯度的因素有哪些？

（周娅芬）

实验 2　由钛铁矿制备二氧化钛

一、实验目的

（1）了解硫酸法溶钛铁矿(FeTiO$_3$)制备二氧化钛的原理和方法。
（2）掌握无机制备中的沙浴、溶矿浸取、高温煅烧等操作。
（3）探讨温度、浓度和溶液的酸度对水解反应的影响。

二、预习要求

预习相关操作,了解钛盐的性质。

三、实验原理

钛铁矿的主要成分为 FeTiO$_3$,杂质主要为镁、锰、钒、铬、铝等。一般 TiO$_2$ 含量约为 50%。在 160～200 ℃时,过量的浓硫酸与钛铁矿发生下列反应:

$$FeTiO_3 + 2H_2SO_4 \Longrightarrow TiOSO_4 + FeSO_4 + 2H_2O$$
$$FeTiO_3 + 3H_2SO_4 \Longrightarrow Ti(SO_4)_2 + FeSO_4 + 3H_2O$$

它们都是放热反应,反应一开始便进行得很激烈。同时钛铁矿中铁的氧化物也与 H$_2$SO$_4$ 发生反应。

$$FeO + H_2SO_4 \Longrightarrow FeSO_4 + H_2O$$
$$Fe_2O_3 + 3H_2SO_4 \Longrightarrow Fe_2(SO_4)_3 + 3H_2O$$

用去离子水浸取分解产物,这时钛和铁等以 TiOSO$_4$ 和 FeSO$_4$ 的形式进入溶液。此外,部分 Fe$_2$(SO$_4$)$_3$ 也进入溶液,因此需在浸出液中加入金属铁粉,把 Fe^{3+} 完全还原为 Fe^{2+},铁粉可稍微过量一点,把少量的 TiO^{2+} 还原为 Ti^{3+},以保护 Fe^{2+} 不被氧化。有关的电极电势如下:

$$\varphi^{\ominus}(Fe^{2+}/Fe) = -0.45 \text{ V}$$
$$\varphi^{\ominus}(Fe^{3+}/Fe^{2+}) = +0.77 \text{ V}$$
$$\varphi^{\ominus}(TiO^{2+}/Ti^{3+}) = +0.10 \text{ V}$$

将溶液冷却至 0 ℃以下,便有大量的 FeSO$_4$·7H$_2$O 晶体析出,剩下的 Fe^{2+} 可以在水洗偏钛酸时除去。

为了使 TiOSO$_4$ 在高酸度下水解,可先取一部分上述 TiOSO$_4$ 溶液使其水解并分散为偏钛酸溶胶,以此作为沉淀的凝聚中心,与其余的 TiOSO$_4$ 溶液一起加热至沸腾使其水解,即得偏钛酸沉淀。

$$Ti(SO_4)_2 + H_2O \xrightarrow{\quad\quad} TiOSO_4 \downarrow + H_2SO_4$$

将偏钛酸在 800～1000 ℃灼烧即得二氧化钛。

$$H_2TiO_3 \xrightarrow{\quad 800\sim1000\ ℃ \quad} TiO_2 + H_2O \uparrow$$

四、实验器材与试剂

器材:沙浴,蒸发皿,温度计,烧杯,马弗炉,瓷坩埚。

试剂:钛铁矿粉,铁粉,H_2SO_4(浓,2 mol·L^{-1})。

五、实验内容

1. 硫酸分解钛铁矿

称取 25 g 钛铁矿粉(300 目),放入有柄蒸发皿中,加入 20 mL 浓硫酸,搅拌均匀后放在沙浴中加热,并不停地搅动,观察反应物的变化。用温度计测量反应物的温度。当温度升至 110～120 ℃时,注意反应物的变化:开始有白烟冒出,反应物变为蓝黑色,黏度增大,搅拌要用力。当温度上升到 150 ℃时,反应剧烈进行,反应物将迅速变稠变硬,这一过程几分钟内即可结束,故这段时间要大力搅拌,避免反应物凝固在蒸发皿上。剧烈反应后,把温度计插入沙浴中,保持温度在 200 ℃左右约 0.5 h,不时搅动以防结成大块,最后移出沙浴,冷却至室温。

2. 硫酸溶矿的浸取

将产物转入烧杯中,加入 60 mL 约 50 ℃的温水,此时溶液温度有所升高,搅拌至产物全部分散为止,保持体系温度不得超过 70 ℃,以免 $TiOSO_4$ 过早水解为白色乳浊状的偏钛酸。浸取时间为 1 h,然后抽滤,滤渣用 10 mL 水洗涤一次,溶液体积保持在 70 mL,观察滤液的颜色。证实浸取液中有 Ti(Ⅳ)化合物存在。

3. 铁杂质的除去方法

往浸取液中加入适量铁粉,并不断搅拌至溶液变为紫黑色(Ti^{3+} 为紫色)为止,立即抽滤,滤液用冰盐水冷却至 0 ℃以下,观察 $FeSO_4 \cdot 7H_2O$ 结晶析出,再冷却一段时间后进行抽滤,回收 $FeSO_4 \cdot 7H_2O$。

表 1-2　$FeSO_4 \cdot 7H_2O$ 在水中的溶解度(在 100 g 水中)

温度/℃	0	10	20	30	40	50
溶解度/g	15.65	20.51	26.5	32.9	40.2	48.6

4. 钛盐水解

将上述实验中得到的浸取液取出 1/5 的体积,在不停地搅拌下逐滴加入约

400 mL 的沸水中,继续煮沸 10～15 min 后,再慢慢加入其余全部浸取液,继续煮沸约 0.5 h 后(应适当补充水),静置沉降,先用倾析法除去上层水,再用热的稀硫酸(2 mol·L^{-1})洗两次,并用热水冲洗沉淀,直至检查不出 Fe^{2+} 为止,抽滤,即得偏钛酸。

5. 煅烧

把偏钛酸放在瓷坩埚中,先小火烘干后大火烧至不再冒白烟为止(也可在马弗炉内 850 ℃灼烧),冷却,即得白色二氧化钛粉末,称量并计算产率。

六、思考题

(1) 温度对浸取产物有何影响? 为什么温度要控制在 70 ℃以下?
(2) 实验中能否用其他金属来还原 Fe^{3+}?
(3) 浸取硫酸溶矿时,加水的多少对实验有何影响?

(柴雅琴)

实验 3　由废铁渣制备三氧化二铁

一、实验目的

(1) 了解以废铁渣为主要原料与硫酸反应制备三氧化二铁的原理和工艺。
(2) 有效地提高学生对废资源开发和环境保护的意识。

二、预习要求

(1) 在实验前详细阅读课本中的有关知识,明确实验原理和操作步骤。
(2) 明确实验的重点和难点是本实验的目的和意义所在。
(3) 仔细准备实验所需要的仪器和药品。
(4) 详细阅读课后思考题,明确实验细节。

三、实验原理

废铁渣是钢管厂在生产过程中由于冲洗、切割、拉伸而产生的废料,每年产生上百吨,存放在工厂中占地且污染环境。本实验目的是用硫酸溶解废铁渣,治理环境污染,废物利用,制备有用的化工产品。废铁渣的主要成分为四氧化三铁,它与一定浓度的硫酸在搅拌、加热至沸的条件下发生反应,生成硫酸亚铁及硫酸铁。反应式为

$$Fe_3O_4 + 4H_2SO_4 \xlongequal{\triangle} FeSO_4 + Fe_2(SO_4)_3 + 4H_2O \uparrow$$

将所得产物烘干、灼烧,即可制得三氧化二铁。

四、实验器材与试剂

器材:回流装置,温度计,天平,量筒,布氏漏斗,三颈烧瓶,加热磁力搅拌器。

试剂:废铁渣,CaO(s),H_2SO_4(9 mol·L^{-1}),异丙醇。

五、实验步骤

(1) 称取经粉碎、过 20 目筛的废铁粉 20 g(称准至 0.0001 g)及少量的促溶剂于三颈烧瓶中,加 9 mol·L^{-1}硫酸 300～350 mL,安装回流装置、温度计。边搅拌边加热至沸,保温反应 2～3 h 后,用倾析法趁热过滤,少量残渣可作水泥添加剂或肥料添加剂。滤液陈化放置过夜。

工艺流程图(图 1-1)如下:

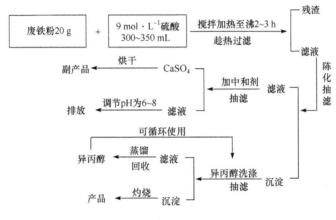

图 1-1　制备 Fe_2O_3 流程图

(2) 将陈化好的沉淀和母液倒入布氏漏斗,减压抽滤,滤液按步骤(3)处理。沉淀用异丙醇抽滤洗涤两三次,滤液蒸馏回收异丙醇。沉淀用真空干燥箱烘干(或自然风干),称量后再放入高温炉中灼烧,即得产品三氧化二铁。

(3) 在上述所得的滤液中加入氧化钙中和,减压过滤,所得的沉淀为 $CaSO_4$,经烘干后可供厂家使用,所产生的滤液调到 pH 为 6～8 后排放。

六、思考题

(1) 溶解剂为什么选用 H_2SO_4 而不选用 HNO_3 和 HCl ?

(2) 为什么废铁渣必须经粉碎、过筛后才可参加反应?

(3) 为什么废铁渣的溶解反应必须在搅拌下进行?

（张　春　莫尊理　张　平）

实验 4　由废铝催化剂制备高纯超细氧化铝

一、实验目的

(1) 进一步了解复盐的一般特征和制备方法。

(2) 掌握复盐热分解制备超细氧化物的方法。

(3) 熟练掌握水浴加热、蒸发、结晶、固液分离等基本操作。

二、预习要求

(1) 查阅文献,了解高纯超细氧化铝的用途。

(2) 复习水浴加热、蒸发、结晶、固液分离等基本操作。

三、实验原理

高纯超细氧化铝是重要的功能材料,具有高强度、高硬度、耐腐蚀、抗磨损、易烧结的特征,适于制造透光性良好的氧化铝烧结体,广泛应用于钇铝系列激光晶体、精密陶瓷、灯用稀土三基色荧光粉等。在石油化学工业中需要大量的催化剂,催化剂在使用过程中由于失去其原有活性而成为废弃物,若将这些富含氧化铝的废催化剂弃之不用,不仅是资源上的浪费,而且污染环境。因此,将废铝催化剂作为化工原料制备高纯超细氧化铝,可同时达到消除污染、保护环境、创造效益的目的,具有重要的现实意义。

以废铝催化剂为原料制备高纯超细氧化铝,必须对废铝催化剂进行预处理。将废铝催化剂置于 800 ℃下焙烧 1 h 后,进行酸溶,然后用氨水沉淀出 $Al(OH)_3$ 沉淀,以除去可溶性杂质。将 $Al(OH)_3$ 用硫酸溶解后制备 $Al_2(SO_4)_3$ 晶体,以进一步除去 Fe^{3+}、Ni^{2+}、Cu^{2+} 等杂质,再以 $Al_2(SO_4)_3$ 和 $(NH_4)_2SO_4$ 为原料,制备复盐 $NH_4Al(SO_4)_2 \cdot 12H_2O$,经热分解制备高纯超细氧化铝,其工艺流程见图 1-2。

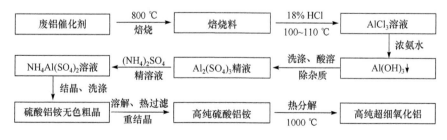

图 1-2　制备高纯超细氧化铝流程图

该制备过程的相关反应为

$$Al_2O_3 + 6HCl \longrightarrow 2AlCl_3 + 3H_2O$$

$$AlCl_3 + 3NH_3 \cdot H_2O \longrightarrow Al(OH)_3 \downarrow + 3NH_4Cl$$

$$2Al(OH)_3 + 3H_2SO_4 \longrightarrow Al_2(SO_4)_3 + 6H_2O$$

$$Al_2(SO_4)_3 + (NH_4)_2SO_4 + 24H_2O \longrightarrow 2NH_4Al(SO_4)_2 \cdot 12H_2O$$

$$2NH_4Al(SO_4)_2 \cdot 12H_2O \xrightarrow{0\sim270\ ℃} Al_2(SO_4)_3 + (NH_4)_2SO_4 + 24H_2O \uparrow$$

$$(NH_4)_2SO_4 \xrightarrow{514\ ℃} SO_3 \uparrow + 2NH_3 \uparrow + H_2O \uparrow$$

$$Al_2(SO_4)_3 \xrightarrow{826\ ℃} Al_2O_3 + 3SO_3 \uparrow$$

四、实验器材与试剂

器材:台秤,电炉(600 W),电磁搅拌器,圆底三颈烧瓶(250 mL),烧杯(250 mL),马弗炉,量筒(100 mL)。

试剂:HCl (18%),H_2SO_4 (2 mol · L^{-1}),浓氨水,$(NH_4)_2SO_4$ (1 mol · L^{-1})。

五、实验内容

1. 废铝催化剂的预处理

将废铝催化剂在 800 ℃的马弗炉中焙烧 1 h,称取 10 g 焙烧过的废铝催化剂于 250 mL 的圆底三颈烧瓶内,加入 50 mL 18%的盐酸,在 100~110 ℃的温度下,反应 4 h,冷却后过滤。

2. 制备 $Al_2(SO_4)_3$ 晶体

滤液用浓氨水中和至溶液中的 Al^{3+} 全部变为 $Al(OH)_3$ 沉淀,快速过滤,热水洗涤沉淀五六次,用 50 mL 2 mol · L^{-1} H_2SO_4 溶解 $Al(OH)_3$ 沉淀,得到粗制的 $Al_2(SO_4)_3$ 溶液,加热至有晶体析出为止。静置,待晶体完全析出后过滤,洗涤,备用。

3. 复盐 $NH_4Al(SO_4)_2 \cdot 12H_2O$ 的制备

将上面所得的 $Al_2(SO_4)_3$ 晶体用少许的水溶解,配成较纯的 $Al_2(SO_4)_3$ 溶液,再加入 30 mL 1 mol · L^{-1} $(NH_4)_2SO_4$ 溶液,置于水浴上加热蒸发,至形成结晶膜为止。冷却到 15~20 ℃,吸滤,得细小结晶,用冰水洗涤,得硫酸铝铵晶体粗产品。将此粗产品再溶于大约 50 mL 的水中,进行重结晶(可以进行多次,注意蒸发速度应缓慢,冷却结晶时不宜搅拌,方可获得大颗粒结晶),于室温下干燥(注意避免干燥时间过长,以免风化),得到高纯硫酸铝铵晶体。

4. 高纯超细 Al_2O_3 的制备

将高纯硫酸铝铵晶体置于 1000 ℃马弗炉中灼烧至硫酸铝铵完全分解为 Al_2O_3 粉体,粉体中心粒度大多在 $0.1\sim0.3~\mu m$。

六、思考题

(1) 在制备 $Al(OH)_3$ 沉淀过程中,为何用浓氨水而不用氢氧化钠溶液?

(2) 为何不选择硫酸直接酸浸制备硫酸铝而选用盐酸?

（周娅芬）

实验 5　溶胶-凝胶法制备 SnO_2 纳米粒子

一、实验目的

(1) 通过实验了解溶胶-凝胶法的制备过程。

(2) 通过实验掌握 SnO_2 纳米粒子的制备方法。

二、预习要求

(1) 了解 SnO_2 的性质。

(2) 酸的浓度、温度、陈化时间对纳米粒子的形态及大小的影响。

三、实验原理

溶胶-凝胶法是采用特定的纳米材料前驱体在一定条件下水解,形成溶胶后经溶剂挥发及加热等处理,使溶胶转变成网状结构的凝胶,再经过适当的后处理工艺形成纳米材料。用于制备纳米材料的基本工艺过程示意如下

$$原料 \longrightarrow 可分散体系 \xrightarrow{\text{胶/水}} 溶胶 \underset{-H_2O}{\overset{+H_2O}{\rightleftharpoons}} 凝胶 \xrightarrow{\text{热处理}} 纳米材料$$

四、实验器材与试剂

器材:三颈瓶(150 mL),电动搅拌器,聚四氟乙烯高压釜,回流冷凝管,温度计。

试剂:$AgNO_3(0.1~mol \cdot L^{-1})$,$SnCl_4 \cdot 5H_2O(s)$,无水乙醇。

五、实验内容

1. 制胶

将 0.8 g 的 $SnCl_4 \cdot 5H_2O$ 在搅拌下溶于 20 mL 无水乙醇,回流 2 h,得无色透

明溶胶。

2. 水热处理

将 20 mL 溶胶与 20 mL 蒸馏水装入聚四氟乙烯高压釜中,然后将高压釜置于 150 ℃烘箱中高压反应 4 h。

3. 产品回收

待高压釜冷却至室温后取出反应产物,离心洗涤,用 0.1 mol·L^{-1} $AgNO_3$ 溶液检验直至没有沉淀生成。在 70 ℃下干燥,得 SnO_2 纳米粉体。

六、思考题

(1)溶胶-凝胶法的原理是什么?
(2)制备溶胶的关键是什么?
(3)在制备过程中,为什么要控制温度?

(张　春　莫尊理　张　平)

实验 6　无水四氯化锡的制备

一、实验目的

(1)通过无水 $SnCl_4$ 的制备,学习非水体系制备方法。
(2)掌握 Cl_2 制备和净化的方法。
(3)了解微型无机制备的特点。

二、预习要求

(1)阅读 1.2.1,结合本项目叙述分析实验装置中各部分的功能和操作要求。
(2)查阅制备 $SnCl_4$ 反应式中各物质的热力学函数,判断该反应的自发性。根据 $SnCl_4$ 的气化热推测产物的存在形态。
(3)查阅资料,了解 $SnCl_4$ 用途。

三、实验原理

熔融的金属锡（Sn 的熔点为 231 ℃）在 300 ℃左右能直接与氯气作用而生成 $SnCl_4$。

$$Sn + 2Cl_2 =\!=\!= SnCl_4$$

纯 $SnCl_4$ 为无色液体,但实验制得的 $SnCl_4$ 由于溶有 Cl_2 而呈黄绿色。

锡的氯化物有 $SnCl_2$ 和 $SnCl_4$ 两种。由于 Sn^{4+} 的极化力较 Sn^{2+} 强(为什么),因此 $SnCl_4$ 基本属于共价型化合物,$SnCl_2$ 则偏向于离子型化合物,所以 $SnCl_4$ 的熔点、沸点较 $SnCl_2$ 低。

表 1-3　$SnCl_2$ 与 $SnCl_4$ 性状对比

物质	物态	熔点/℃	沸点/℃
$SnCl_2$	无色晶体	246	652
$SnCl_4$	无色液体	-33	114

$SnCl_4$ 易水解,在空气中易与水蒸气反应,产生 HCl 而冒白雾。

$$SnCl_4 + (x+2)H_2O =\!=\!= SnO_2 \cdot xH_2O \downarrow + 4HCl \uparrow$$

因此,制备 $SnCl_4$ 的容器必须绝对干燥,与大气相通的部位要连接干燥装置。

四、实验器材与试剂

器材:具活塞反应管,恒压漏斗,双球 U 形管,具标口反应管,具标塞反应管,干燥球弯接头,直接头。

试剂:浓盐酸,浓硫酸,$MnO_2(s)$,锡粒,无水 $CaCl_2$,脱脂棉,$NaOH(6\ mol \cdot L^{-1})$。

五、实验内容

1. 安装实验装置

将已干燥的各部分仪器按图 1-3 连接好,检查其气密性。在具活塞反应管中装入 1.2 g MnO_2 固体,恒压漏斗中加入 5 mL 浓盐酸,在具标口反应管中加入 2~3 颗锡粒。

2. 制备 $SnCl_4$

(1)打开恒压漏斗活塞,让浓盐酸慢慢滴入 MnO_2 中,均匀地产生氯气并充满整套装置,以排除装置中的空气和少许水汽。加热锡粒,使其熔化,熔融的锡与氯气反应而燃烧。逐滴加入浓 HCl,控制氯气的流速,气流不能太大。生成的 $SnCl_4$ 蒸气经冰水浴冷却,收集在接受管内。没有反应的 Cl_2 由尾端的 NaOH 溶液吸收。

(2)待锡粒反应完毕后,停止加热,同时停止滴加浓盐酸。取下接受管,迅速盖好塞子。

3. $SnCl_4$ 的水解性质

在两个微型试管中分别加入 0.5 mL、2 mL 蒸馏水,用干燥的滴管从接受管

内吸取少量 $SnCl_4$，分别加入两只盛水的试管中，观察现象并解释。将 $SnCl_4$ 加入到盛有少量水的试管中发生剧烈的水解反应，形成单斜晶形的水合物白色沉淀，而 $SnCl_4$ 加入到盛有多量水的试管中时，生成的水合物迅速溶解，形成澄清的溶液。

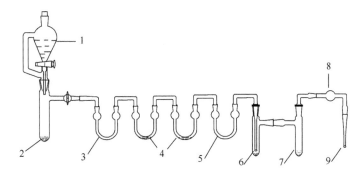

图 1-3　制备 $SnCl_4$ 的装置示意图

1. 5 mL 浓盐酸；2. 1.2 g MnO_2；3、4. 0.5 mL 浓硫酸；5. 缓冲瓶；6. 0.5 g Sn 粒；

7. 插入冰水浴中冷却，收集反应生成的 $SnCl_4$；8. $CaCl_2$ 干燥剂；9. 通入 NaOH 溶液

六、思考题

（1）如何检查装置系统是否漏气？

（2）制备易水解的物质时，操作应特别注意什么问题？

（3）在反应前为什么必须排尽整套装置中的空气和水气？如不排尽，对反应有什么影响？处理尾气前，为什么要增加一个干燥管？

（4）无水 $SnCl_4$ 能否由直接加热 $SnCl_4 \cdot 5H_2O$ 或 $H_2SnCl_6 \cdot H_2O$ 而得到？

（5）本实验如何防止 $SnCl_2$ 产生和带入产品中？

（6）根据 Ⅳ、Ⅴ 类主族元素不同氧化值的氯化物的特性，总结键的极性随氧化状态而改变的规律。

（胡小莉）

实验 7　四碘化锡的制备

一、实验目的

（1）通过四碘化锡的制备，了解非水体系的制备方法。

（2）掌握熔点测定管的使用方法。

（3）了解 p 区金属易水解的特点。

二、预习要求

(1) 查看相关内容,理解无水条件在物质制备中的意义。

(2) 查看相关资料,了解熔点管的测定原理。

三、实验原理

四碘化锡是橙色的立方晶体,熔点为 143.5 ℃,受潮易水解。四碘化锡可溶于 CS_2、$CHCl_3$ 等溶剂,在无水乙酸中溶解度较小。根据四碘化锡的特性可知,它不能在水中制备,但是可以在非水溶剂中制备。已被选择用来作为合成溶剂的有四氯化碳和冰醋酸。碘和锡在这两种溶剂中直接生成四碘化锡。

$$Sn + 2I_2 \Longrightarrow SnI_4$$

四、实验器材与试剂

器材:梨形瓶(100 mL),油浴锅,球形冷凝管,吸滤瓶,布氏漏斗,熔点管(提勒管,内径 15 mm,或者可以用熔点仪),滤纸。

试剂:锡箔,$I_2(s)$、KI(饱和)、H_2SO_4(浓),乙酸,冰醋酸,氯仿,丙酮,乙酸酐。

五、实验内容

1. 四碘化锡的合成

在 100 mL 的梨形瓶中加入 25 mL 冰醋酸和 45 mL 乙酸酐,再加入 0.7 g 锡箔(剪成小碎片)和 3 g 碘,装好冷凝管,在油浴上加热使混合物沸腾,保持回流状态,直到反应完全为止(冷凝管中的回流柱由紫色变为无色即可)。冷却混合物,抽滤,将抽滤得到的固体再倒入梨形瓶中,并加入 30 mL 氯仿进行重结晶。回流 3～5 min,趁热抽滤。在通风橱内将滤液中的氯仿抽尽,烘干,称出产品质量,计算出产率。

注:需要随时调整油浴锅的温度,体系加热到 38 ℃时开始有沸腾,沸腾的温度范围为 85～90 ℃,需要保持沸腾回流 1.5～2 h,Sn 的转化率可达到 90% 以上。

2. 四碘化锡熔点的测定

按《化学基础实验(Ⅱ)》*2.3.3 中毛细管法(提勒管)测定产品的熔点,并对其纯度及晶体类型作出结论。对每一种试样至少要测定两次。

3. 四碘化锡的某些性质试验

取少量四碘化锡溶于 5 mL 的丙酮中,把溶液分成两份,在其中一份中加入几

---

* 本书中提到的《化学基础实验(Ⅰ)》(鲍正荣等)、《化学基础实验(Ⅱ)》(彭秧等)、《理化测试(Ⅰ)》(袁若等)、《理化测试(Ⅱ)》(杨武等)、《有机物制备》(马学兵等)为系列教材,均为科学出版社出版。

滴水,另外一份中加入同样量的饱和碘化钾溶液,观察现象并解释。

六、思考题

(1) 试讨论四碘化锡合成中以何种原料过量为好。

(2) 合成四碘化锡所用的仪器为什么要干燥? 操作时为何要防止空气进入系统?

(3) 是否能用制备 SnI_4 相类似的方法制备 PbI_2? 查阅资料并给予讨论。

(杨　骏)

实验 8　六水三氯化铁的制备

一、实验目的

(1) 学习用铁粉制备六水三氯化铁晶体的方法,进一步掌握氯化亚铁和六水三氯化铁的性质。

(2) 熟练相关加热、搅拌、检测等实验步骤的同时,掌握浓缩结晶等基本操作。

二、预习要求

(1) 预习本实验化学原理。

(2) 查阅相关文献,了解反应过程中试剂用量的比例以及反应条件的控制。

(3) 通过预习,进一步熟悉水浴加热、反应过程的检测、蒸发浓缩、结晶等基本操作。

三、实验原理

三氯化铁($FeCl_3$)用途广泛,可用作净水剂、分析试剂、蚀刻剂、催化剂、媒染剂、氧化剂、氯化剂、缩剂、消毒剂、饲料添加剂等。本文根据 H_2O_2 的强氧化性和 H_2O_2 反应后生成水的特性,先用稀 HCl 与原铁粉反应生成氯化亚铁($FeCl_2$),再用 H_2O_2 在酸性条件下将 $FeCl_2$ 氧化成 $FeCl_3$,从而制得 $FeCl_3$ 水溶液,具有一定的环保意义。

$$Fe + 2HCl \longrightarrow FeCl_2 + H_2 \uparrow \tag{1}$$

$$2FeCl_2 + 2HCl + H_2O_2 \longrightarrow 2FeCl_3 + 2H_2O \tag{2}$$

四、实验器材与试剂

器材:恒温加热磁力搅拌器,三颈瓶(250 mL),温度计(150 ℃),球形冷凝管(300 mm),移液管(1 mL),点滴板,滴管,量筒(50 mL,200 mL)。

试剂：HCl(A. R. ,$w=18\%$)，$K_3[Fe(CN)_6]$($0.01\ mol \cdot L^{-1}$)，铁粉(A. R.)，H_2O_2(A. R. ,$w=30\%$)。

五、实验内容

1. FeCl₃ 水溶液的制备

根据实验方法装好仪器，在三颈瓶中加入 2.57 g 铁粉和稀 HCl(铁粉和 HCl 的质量比为 $m_{Fe} : m_{HCl} = 1 : 1.4$)，启动磁力搅拌器并加热至设定温度(85 ℃ 为宜)。当溶液呈绿色并无气泡产生时，静置 3 min，如果溶液中没有铁粉沉淀，则铁粉完全反应，调整温度到 55 ℃，再加入一定量[按照反应(2)计算出]HCl 和按设定速度($0.5\sim1\ mL \cdot min^{-1}$)加入 H_2O_2。反应过程中用滴管从三颈瓶中取样于点滴板上，加 $0.01\ mol \cdot L^{-1} K_3[Fe(CN)_6]$ 溶液 2 滴检测。如果不产生蓝色沉淀，则 $FeCl_2$ 氧化成 $FeCl_3$，得到 $FeCl_3$ 水溶液。

2. FeCl₃·6H₂O 晶体的制备

待步骤 1 检测时没有蓝色沉淀产生之后(此时溶液已经完全变成棕黄或棕红色)，停止搅拌，转移溶液至蒸发皿中浓缩，并不断加入少量盐酸(保持体系 pH≤1)；当加热浓缩到有晶膜产生时，即可冷却结晶，经过 1~2 d 的冷却，析出橙黄色晶体或褐黄色固体块即为 $FeCl_3 \cdot 6H_2O$ 晶体。

六、思考题

(1) 本实验反应物铁粉和 HCl 的质量比为何选择为 $m_{Fe} : m_{HCl} = 1 : 1.4$？

(2) 本实验反应(1)的温度为何控制在 85 ℃ 为宜？

(3) 加入 H_2O_2 的速度为何控制在 $0.5\sim1\ mL \cdot min^{-1}$？

(4) 本实验中检测亚铁离子的试剂除了铁氰化钾之外还能用什么？

(5) 除了通过本实验方法制备六水三氯化铁之外，还可以通过什么方法制备六水三氯化铁？

(6) 加热浓缩结晶时为何要不断向体系中加入 HCl？

(杨　骏)

实验 9　硝酸钾的制备

一、实验目的

(1) 利用物质溶解度随温度变化的差别，用转化法制备硝酸钾。

(2) 熟练掌握溶解、加热、蒸发、结晶和过滤等操作技术。

（3）初步掌握重结晶提纯法的原理和操作。

二、预习要求

（1）预习硝酸钾制备原理。

（2）预习硝酸钾制备实验中相关的基本操作。

（3）熟悉物质溶解度的有关计算。

三、实验原理

复分解法是制备无机盐类的常用方法。不溶性盐利用复分解法很容易制得，但是可溶性盐则需要根据温度对反应中几种盐类溶解度的不同影响来处理。硝酸钾为无色斜方晶体或白色粉末，易溶于水，广泛应用于化工、医药和食品工业等方面。工业上和实验室中都是用硝酸钠和氯化钾来制备硝酸钾。

$$NaNO_3 + KCl \Longrightarrow NaCl + KNO_3$$

此反应是可逆的，根据 $NaCl$ 的溶解度随温度变化不大，在高温时 KCl、KNO_3 和 $NaNO_3$ 具有较大或很大的溶解度，而温度降低时溶解度明显减小（如 KCl、$NaNO_3$）或急剧下降（如 KNO_3）的这种差别，将一定浓度的 $NaNO_3$ 和 KCl 混合液加热浓缩，当温度达 $118 \sim 120\ ℃$ 时，由于 KNO_3 溶解度增加很多，它达不到饱和，不析出，而 $NaCl$ 的溶解度增加甚少，随着浓缩进行，溶剂水不断减少，$NaCl$ 析出。趁热减压抽滤，可除去 $NaCl$ 晶体。然后将此滤液冷却至室温，KNO_3 因溶解度急剧下降而析出。过滤后可得含少量 $NaCl$ 等杂质的硝酸钾晶体。再经过重结晶提纯，可得 KNO_3 纯品。

KNO_3 产品中的杂质 $NaCl$ 利用氯离子和银离子生成 $AgCl$ 白色沉淀来检验。

表 1-4　KNO_3、KCl、$NaNO_3$、$NaCl$ 在不同温度下的溶解度　[单位 $g \cdot (100\ g\ H_2O)^{-1}$]

温度/℃ 盐	0	10	20	30	40	60	80	100
KNO_3	13.3	20.9	31.6	45.8	63.9	110.0	169	246
KCl	27.6	31.0	34.0	37.0	40.0	45.5	51.1	56.7
$NaNO_3$	73.0	80.0	88.0	96.0	104.0	124.0	148.0	180.0
$NaCl$	35.7	35.8	36.0	36.3	36.6	37.3	38.4	39.8

四、实验器材与试剂

器材：烧杯（100 mL，250 mL），温度计（200 ℃），抽滤瓶，布氏漏斗，台秤，石棉网，三脚架，铁架台，酒精灯，玻璃棒，量筒（10 mL，50 mL），表面皿，试管，药匙，循环水泵。

试剂：NaCl（s），NaNO$_3$（s），AgNO$_3$（0.1 mol·L^{-1}），HNO$_3$（6 mol·L^{-1}），冰。

五、实验内容

1. 硝酸钾的制备

1）称量、溶解

称取 10 g NaNO$_3$ 和 8.5 g KCl 固体，倒入 100 mL 烧杯中，加入 20 mL 蒸馏水，加热并不断搅拌，至烧杯内固体全溶，记下烧杯中液面的位置。当溶液沸腾时，用温度计测溶液此时的温度，记录。

2）蒸发、过滤

继续加热并不断搅拌溶液，当加热至杯内溶液剩下原有体积的 2/3 时，已有 NaCl 析出，趁热快速减压抽滤（布氏漏斗在沸水中或烘箱中预热）。将滤液转移至烧杯中，并用 5 mL 热的蒸馏水分数次洗涤抽滤瓶，洗液转入盛滤液的烧杯中，记下此时烧杯中液面的位置。加热至滤液体积只剩原有体积的 3/4 时，冷却至室温，观察晶体状态。用减压抽滤把 KNO$_3$ 晶体尽量抽干，得到的产品为粗产品，称量。

2. 用重结晶法提纯硝酸钾

除留下绿豆粒大小的晶体供纯度检验外，按粗产品：水＝2∶1（质量比）将粗产品溶于蒸馏水中，加热，搅拌，待晶体全部溶解后停止加热（若溶液沸腾时晶体还未全部溶解，可再加极少量蒸馏水使其溶解）。将滤液冷至室温后，再用冰水浴冷却至 10 ℃以下，待大量晶体析出后抽滤，将晶体放在表面皿上晾干，称量，计算产率。

3. 纯度的检验

分别取绿豆粒大小的粗产品和一次重结晶得到的产品放入两支小试管中，各加入 2 mL 蒸馏水配成溶液。在溶液中分别滴入 1 滴 6 mol·L^{-1} 硝酸酸化，再各滴入 0.1 mol·L^{-1} 硝酸银溶液 2 滴，观察现象，进行对比。重结晶后的产品溶液应为澄清。若重结晶后的产品中仍然检验出含氯离子，则产品应再次重结晶。

六、思考题

（1）溶液沸腾后为什么温度高达 100 ℃以上？

（2）为什么 NaNO$_3$ 和 KCl 的溶液要进行热过滤？

（3）KNO$_3$ 中混有 KCl 或 NaNO$_3$ 时，应如何提纯？

（4）用 Cl$^-$ 能否被检出来衡量产品纯度的依据是什么？

（岳　凡）

实验 10　从含铜溶液中回收铜粉、硫酸铜及硫酸亚铁铵

一、实验目的

（1）学习从含铜溶液中回收铜粉、硫酸铜及副产品硫酸亚铁铵的方法，进一步掌握 $Cu(II)$ 的氧化性和单质铜的还原性。

（2）学习和联系有关分离、提纯、重结晶等基本操作。

二、预习要求

（1）预习用铜制备硫酸铜的化学原理。

（2）通过预习进一步熟悉水浴加热、减压过滤、蒸发浓缩、结晶等基本操作。

（3）思考下列问题：

亚铁盐在空气中易被氧化为铁盐，如何防止？（提示：从反应温度、试剂用量等方面考虑）

如何制备不含氧的蒸馏水？为什么配制样品溶液时一定要用不含氧的蒸馏水？

三、实验原理

本实验用的碱性含铜溶液主要成分为 $[Cu(NH_3)_4]Cl_2$ 和 $Cu(OH)_2$ 等。

向碱性含铜溶液中加入 H_2SO_4 至 $pH=2$，其主要反应为

$$Cu(NH_3)_4^{2+} + 4H^+ \Longrightarrow Cu^{2+} + 4NH_4^+$$

$$Cu(OH)_2 + 2H^+ \Longrightarrow Cu^{2+} + 2H_2O$$

用铁屑置换出溶液中的 Cu^{2+} 成为金属 Cu 粉。

$$Cu^{2+} + Fe \Longrightarrow Cu\downarrow + Fe^{2+}$$

将 Cu 粉在空气中加热制成 CuO，进一步制成 $CuSO_4 \cdot 5H_2O$ 晶体。

$$2Cu + O_2 \xrightarrow{\text{1273 K 以上}} 2CuO$$

$$CuO + H_2SO_4 \Longrightarrow CuSO_4 + H_2O$$

再将过滤 Cu 粉后的滤液蒸发浓缩，可得 $(NH_4)_2SO_4 \cdot FeSO_4 \cdot 6H_2O$ 晶体。

$$Fe^{2+} + 2SO_4^{2-} + 2NH_4^+ + 6H_2O \Longrightarrow (NH_4)_2SO_4 \cdot FeSO_4 \cdot 6H_2O$$

四、实验器材与试剂

器材：瓷蒸发皿，电炉，减压过滤装置，台秤，广泛 pH 试纸。

试剂：铁屑，$(NH_4)_2SO_4(s)$，碱性含铜溶液，H_2SO_4（浓，$3\ mol \cdot L^{-1}$）。

五、实验内容

1. 含铜溶液的酸化

取含铜溶液 20 mL,加入水 20 mL,用玻璃棒引流加浓硫酸约 3 mL,再改用滴管逐滴加入浓硫酸,至溶液由蓝绿色沉淀刚好变为绿色透明溶液为止(pH=2)。

2. 取铁屑置换铜粉

向上述溶液中投入预先除油的铁屑 4 g,不断搅拌,至铁屑表面由红色变为黑灰色为止,捞出未反应完的铁屑,趁热用倾析法洗涤铜粉,用 3 mol·L^{-1} H$_2$SO$_4$ 约 20 mL 加热溶解夹在 Cu 粉中的细小铁屑,用倾析法倾去溶液,再用热水洗 Cu 粉 3 次,减压过滤,称量。

3. (NH$_4$)$_2$SO$_4$·FeSO$_4$·6H$_2$O 晶体的制备

在过滤 Cu 粉后的滤液中加入 2 g (NH$_4$)$_2$SO$_4$,再加入 2 g 已除油的铁屑,在石棉网上,用酒精灯加热蒸发,浓缩至液面刚出现晶膜(约 60 mL)为止。用快速结晶法结晶,抽滤,称量,计算产率。

4. CuO 的制备

称取 2 g Cu 粉,放入瓷蒸发皿中,用电炉加热 30~40 min,经常翻动,使 Cu 粉完全变为 CuO。

5. CuSO$_4$·5H$_2$O 晶体的制备

用 3 mol·L^{-1} H$_2$SO$_4$ 约 x mL(根据 CuO 的质量自行计算 x)加热溶解 CuO。在加热过程中注意添加水,以保持原有体积,并加补少量 H$_2$SO$_4$,使 CuO 完全溶解时的 pH 为 2~3。加适量蒸馏水稀释,过滤,滤液加热蒸发,浓缩至液面刚出现晶膜。用快速结晶法结晶,抽滤,称量,计算产率。

六、思考题

(1) 本实验是利用铜、铁单质和化合物中哪些性质回收铜与铁的化合物?
(2) 要获得较好的回收产品,实验操作过程中应注意什么问题?
(3) 要提高产品的纯度本实验应注意什么问题?
(4) 实验中如何控制条件制得合格的五水合硫酸铜?

附Ⅰ　由废铜粉制备五水硫酸铜

一、实验目的

纯铜属于不活泼金属,不能溶于非氧化性酸中,但其氧化物在稀酸中极易溶解。因此,工业制备胆矾($CuSO_4 \cdot 5H_2O$)时,先把 Cu 转化成 CuO,然后与适量浓度的 H_2SO_4 作用生成 $CuSO_4$。本实验利用废铜粉灼烧氧化法制备 $CuSO_4 \cdot 5H_2O$,先将铜粉在空气中灼烧氧化成氧化铜,然后将其溶于硫酸而制得。由于废铜粉及工业硫酸不纯,所得 $CuSO_4$ 溶液中常含有不溶性杂质和可溶性杂质 $FeSO_4$、$Fe_2(SO_4)_3$ 及其他重金属盐等。Fe^{2+} 需用氧化剂 H_2O_2 溶液氧化为 Fe^{3+},然后调节溶液 $pH \approx 3.0$,并加热煮沸,使 Fe^{3+} 水解为 $Fe(OH)_3$ 沉淀滤去。其反应式为

$$2Fe^{2+} + 2H^+ + H_2O_2 \rule[0.4em]{1em}{0.05em} 2Fe^{3+} + 2H_2O$$

$$Fe^{3+} + 3H_2O \rule[0.4em]{1em}{0.05em} Fe(OH)_3 + 3H^+$$

$CuSO_4 \cdot 5H_2O$ 在水中的溶解度随温度的升高而明显增大,因此粗硫酸铜中的其他杂质可通过重结晶法使其留在母液中除去,从而得到较纯的蓝色水合硫酸铜晶体。

二、实验器材与试剂

器材:托盘天平,瓷坩埚,泥三角,煤气灯(酒精灯),烧杯(100 mL),电炉,布氏漏斗,吸滤瓶,蒸发皿,表面皿,水浴锅,量筒(10 mL),精密 pH 试纸(0.5~5.0)。

试剂:废铜粉,H_2SO_4(3 mol·L^{-1}),H_2O_2(3%),KSCN(0.1 mol·L^{-1}),$K_3[Fe(CN)_6]$(0.1 mol·L^{-1}),$CuCO_3$(C. P.),无水乙醇。

三、实验内容

1. CuO 的制备

称取 3.0 g 废铜粉,放入干燥洁净的瓷坩埚中,将坩埚置于泥三角上,用酒精灯灼烧,并不断搅拌(搅拌时必须用坩埚钳夹住坩埚,以免打翻坩埚或使坩埚从泥三角上掉落)。灼烧至铜粉完全转化为黑色的 CuO(约 25 min),停止加热,冷却,备用。

2. 粗硫酸铜溶液的制备

将已制得的 CuO 转入 100 mL 小烧杯中,加入 18 mL 3 mol·L^{-1} H_2SO_4,微热使之溶解。

3. 粗硫酸铜的提纯

在粗 $CuSO_4$ 溶液中滴加 2 mL 3‰ H_2O_2 溶液,加热搅拌,并检验溶液中有无 Fe^{2+}(用什么方法检查?)。待 Fe^{2+} 完全氧化后,慢慢加入 $CuCO_3$ 粉末,同时不断搅拌直到溶液的 pH≈3.0(用精密 pH 试纸检测),控制溶液 pH≈3.0,再加热至沸数分钟后,趁热减压过滤,将滤液转入洁净的蒸发皿中。

4. $CuSO_4 \cdot 5H_2O$ 晶体的制备

向精制后的 $CuSO_4$ 溶液中滴加 3 mol·L^{-1} H_2SO_4 酸化,调节溶液的 pH≈1,然后水浴加热,蒸发浓缩至液面出现晶膜为止。让其自然冷却至室温,有晶体析出(如无晶体,再继续蒸发浓缩),减压过滤,用 3 mL 无水乙醇淋洗,抽干。产品转至表面皿上,用滤纸吸干后称量。计算产率,母液回收。

四、思考题

(1) 除去 $CuSO_4$ 溶液中 Fe^{2+} 杂质时,为什么需先加 H_2O_2 氧化,并且调节溶液的 pH≈3.0? pH 太大或太小有何影响?

(2) 如何检查 Fe^{2+} 的存在?

(3) 蒸发、结晶制备 $CuSO_4 \cdot 5H_2O$ 时,为什么刚出现晶膜即停止加热而不能将溶液蒸干?

(4) 固液分离有哪些方法? 根据什么情况选择固液分离的方法?

附 Ⅱ　硫酸亚铁铵的制备

一、实验目的

硫酸亚铁铵又称莫尔盐,是浅绿色单斜晶体。它溶于水但难溶于乙醇。它在空气中比一般亚铁盐稳定,不易被氧化,所以在定量分析中可作为基准物质,用来直接配制标准溶液或标定未知溶液的浓度。

由硫酸铵、硫酸亚铁和硫酸亚铁铵在水中的溶解度数据(表 1-5)可知,在 0～60 ℃的温度范围内,硫酸亚铁铵在水中的溶解度比组成它的每一组分[$FeSO_4$ 和 $(NH_4)_2SO_4$]的溶解度都小。因此,很容易从浓的 $FeSO_4$ 和 $(NH_4)_2SO_4$ 混合溶液中制得结晶的莫尔盐。

表 1-5　几种盐的溶解度数据　　[单位:g·(100 g H_2O)$^{-1}$]

温度/℃　　盐	0	10	20	30	40	50	60
$FeSO_4 \cdot 7H_2O$	28.6	37.5	48.5	60.2	73.6	88.9	100.7
$(NH_4)_2SO_4$	70.6	73.0	75.4	78.0	81.0	—	88.0
$FeSO_4 \cdot (NH_4)_2SO_4 \cdot 6H_2O$	12.5	17.2	—	—	33.0	40.0	—

目视比色法是确定化工产品杂质含量的一种常用方法,根据杂质含量就能确定产品的级别。硫酸亚铁铵产品的主要杂质是 Fe^{3+},Fe^{3+} 可与 KSCN 形成血红色配离子$[Fe(SCN)_n]^{3-n}$。将产品配成溶液,与各标准溶液进行比色。如果产品溶液的颜色比某一标准溶液的颜色浅,就可以确定杂质含量低于该标准溶液中的含量,即低于某一规定的限度,所以这种方法又称为限量分析。

本实验是先将铁屑溶于稀硫酸制得硫酸亚铁溶液

$$Fe + H_2SO_4 = FeSO_4 + H_2$$

然后加入硫酸铵制得混合溶液,加热浓缩,冷至室温,便析出浅蓝色的硫酸亚铁铵复盐晶体

$$FeSO_4 + (NH_4)_2SO_4 + 6H_2O = FeSO_4 \cdot (NH_4)_2SO_4 \cdot 6H_2O$$

一般亚铁盐在空气中都易被氧化,但形成复盐后比较稳定,不易氧化。

二、实验器材与试剂

器材:抽滤瓶,布氏漏斗,锥形瓶(250 mL),蒸发皿,表面皿,量筒(50 mL),台秤,水浴锅,移液管,比色管。

试剂:铁屑,$(NH_4)_2SO_4$(s)、H_2SO_4(3 mol·L^{-1})、HCl(2.0 mol·L^{-1})、Na_2CO_3(10%)、KSCN(1.0 mol·L^{-1})。

三、实验内容

1. 铁屑的净化

称取 4 g 铁屑,放入锥形瓶中,加入 20 mL 10%的 Na_2CO_3 溶液,在水浴上加热 10 min,倾析法除去碱液,用水把铁屑上碱液冲洗干净,以防止在加入 H_2SO_4 后产生 Na_2SO_4 晶体并混入 $FeSO_4$ 中。

2. 硫酸亚铁的制备

往盛有铁屑的锥形瓶内加入 25 mL 3 mol·L^{-1} H_2SO_4,在水浴上加热(在通风橱中进行),使铁屑与硫酸完全反应(约 50 min),此过程中应不时地往锥形瓶中加水及 H_2SO_4 溶液(要始终保持反应溶液的 pH 在 2 以下),以补充被蒸发掉的水

分。趁热减压过滤,保留滤液。预先计算出 4 g 铁屑生成硫酸亚铁的理论产量。

3. 硫酸亚铁铵的制备

根据上面计算得到的硫酸亚铁的理论产量,大约按照 $FeSO_4$ 与 $(NH_4)_2SO_4$ 的质量比为 $1:0.75$ 的比例,称取固体硫酸铵 x g(自行计算),溶于装有 20 mL 微热蒸馏水的蒸发皿中,再将上述热的滤液倒入其中混合。然后将其在水浴上加热蒸发,浓缩至表面出现晶膜为止。放置,待其慢慢冷却,即得硫酸亚铁铵晶体 $[FeSO_4 \cdot (NH_4)_2SO_4 \cdot 6H_2O]$。减压过滤除去母液,将晶体放在吸水纸上吸干,观察晶体的颜色和形状,称量并计算产率。

4. 产品的检验——Fe^{3+} 的限量分析

1) Fe^{3+} 标准溶液的配制(实验室配制)

先配制 0.01 mg $\cdot$ L^{-1} 的 Fe^{3+} 标准溶液,然后用移液管取该标准溶液 5.00 mL、10.00 mL、20.00 mL,分别放入 3 支 25 mL 比色管中,各加入 2.00 mL 2.0 mol $\cdot$ L^{-1} HCl 和 1.00 mL 1.0 mol $\cdot$ L^{-1} KSCN 溶液。用不含氧的蒸馏水稀释至 25 mL 刻度线,摇匀,得到 25 mL 溶液中含 Fe^{3+} 的质量分别为 0.05 mg、0.10 mg、0.20 mg 三个级别的 Fe^{3+} 标准溶液,它们分别为 Ⅰ级、Ⅱ级、Ⅲ级试剂中 Fe^{3+} 的最高允许含量。

2) 微量铁(Ⅲ)的分析

称取 1.00 g 样品置于 25 mL 比色管中,加入 15 mL 不含氧的蒸馏水溶解,再加入 2.00 mL (2.0 mol $\cdot$ L^{-1})HCl 和 1.00 mL(1.0 mol $\cdot$ L^{-1})KSCN 溶液,继续加不含氧的蒸馏水至 25 mL 刻度线,摇匀,与标准溶液进行目视比色,确定产品等级。若溶液颜色与 Ⅰ级试剂的标准溶液颜色相同或略浅,便可确定为 Ⅰ级产品,以此类推。

四、思考题

(1) 计算硫酸亚铁铵的产量,应该以 Fe 的用量为准,还是以 $(NH_4)_2SO_4$ 的用量为准?为什么?

(2) 步骤 2 中应边加热边补充水,保持 pH 在 2 以下,为什么?

(3) 有的学生得到的硫酸亚铁滤液不是浅蓝绿色而是黄色,有的学生在蒸发的过程中其滤液会逐渐转变为黄色。试分析原因并思考解决办法。

(4) 个别学生得到的硫酸亚铁铵的产量超过理论产量,试分析可能的原因。

(杨　骏　柴雅琴)

实验 11　碘酸钾的制备

一、实验目的

(1) 学习用直接氧化法制备碘酸钾。

(2) 熟悉并掌握蒸发、浓缩、重结晶等操作。

二、预习要求

(1) 理解碘酸钾的制备原理。

(2) 掌握蒸馏、浓缩、重结晶的操作原理;画出实验流程图。

三、实验原理

碘酸钾是一种白色棱柱状单斜晶系无机化合物,相对密度 3.89,熔点560 ℃, 25 ℃ 时在水中的溶解度为 $9.16\ g \cdot mL^{-1}$,其水溶液呈中性,不溶于乙醇。碘酸钾是工业上最重要的碘酸盐。食盐加碘是防治缺碘病的主要措施之一,过去采用碘化钾作为食盐加碘剂,因其化学稳定性差,需另加硫代硫酸钠作为稳定剂。而碘酸钾代替碘化钾作为食盐加碘剂,其保存期可达三年之久。用氯酸钾直接氧化法制备碘酸钾,其反应式如下:

$$6I_2 + 11KClO_3 + 3H_2O \longrightarrow 6KH(IO_3)_2 + 5KCl + 3Cl_2$$

$$KH(IO_3)_2 + KOH \longrightarrow 2KIO_3 + H_2O$$

四、实验器材与试剂

器材:烧瓶(250 mL),水浴锅,漏斗,台秤,量筒(100 mL),干燥箱,滤纸。

试剂:$KClO_3(s)$、$I_2(s)$、$KOH(s)$、HNO_3(浓)。

五、实验内容

(1) 将 30 g $KClO_3$ 放入容量为 250 mL 的烧瓶中,用 60 mL 的温水溶解。向其中加入 35 g I_2,当溶液保持在 80～90 ℃ 时,加入 1～2 mL 浓 HNO_3,不断搅拌,同时逐氯。反应趋于平衡之后,煮沸溶液,将氯全部逐出,追加碘 1 g(以上操作在通风橱内进行)。然后将溶液加热,蒸发,浓缩,放置冷却,过滤制得碘酸氢钾结晶。

(2) 将制得的碘酸氢钾结晶溶于 150 mL 的热水中,用 KOH 准确地中和。冷却以后,即可制得高收量、高纯度的碘酸钾,但由于含有氯化物,可用三倍量的热水反复进行重结晶。产品可在 120～140 ℃干燥。再次重结晶可得到纯度为 99.9% 以上的产品。

六、思考题

(1) 为什么该反应需要在通风橱内进行？

(2) 碘酸氢钾结晶后,为什么将其溶于热水中？

（张　春　莫尊理　张　平）

实验 12　高锰酸钾的制备

一、实验目的

(1) 了解碱熔法分解矿石及制备高锰酸钾的基本原理和操作方法。

(2) 掌握碱熔、浸取、减压过滤、蒸发结晶、重结晶等基本操作。

(3) 巩固启普发生器的使用操作。

二、预习要求

(1) 复习锰的各主要价态之间的关系,体会根据锰元素电势图分析将矿石转化为锰酸盐的首选方法是碱熔的化学原理。

(2) 复习《基础化学实验（Ⅰ）》3.4 节、4.1 节、4.3 节有关焙烧、浸取、结晶、重结晶以及利用启普发生器制取 CO_2 的基本原理和操作注意事项。

(3) 查阅文献,了解高锰酸钾的用途及制备方法,分析比较各种方法的优缺点。

三、实验原理

先将软锰矿（主要成分为 MnO_2）和 $KClO_3$ 在碱性介质中加强热,制得绿色 K_2MnO_4,其反应式为

$$3MnO_2 + KClO_3 + 6KOH =\!=\!= 3K_2MnO_4 + KCl + 3H_2O$$

然后再将锰酸钾转化为 $KMnO_4$,一般可利用歧化反应或氧化的方法。如利用歧化反应,可加酸或 CO_2 气体,使反应顺利进行。例如加 CO_2 的反应式为

$$3K_2MnO_4 + 2CO_2 =\!=\!= 2KMnO_4 + MnO_2 + 2K_2CO_3$$

滤去 MnO_2 固体,溶液蒸发浓缩,就会析出 $KMnO_4$ 晶体。此方法操作简便,基本无污染,但锰酸钾转化率仅为 2/3,其余 1/3 则转变为 MnO_2。采用强氧化剂或电解氧化的方法能提高锰酸钾转化率。考虑到实验室的环境以及学时的限制,本实验采用 CO_2 法使锰酸钾歧化得到高锰酸钾产品。通过重结晶可获得精制的高锰酸钾。几种物质在不同温度下的溶解度见表 1-6。

表 1-6　几种物质在不同温度下的溶解度　　［溶解度单位：g·(100 g H₂O)⁻¹］

溶解度　　化合物 \ T/℃	0	10	20	30	40	50	60	70	80	90	100
KCl	27.6	31.0	34.0	37.0	40.0	42.6	45.5	48.3	51.1	54.0	56.7
K₂CO₃·2H₂O	51.3	52	52.5	53.2	53.9	54.8	55.9	57.1	58.3	59.6	60.9
KMnO₄	2.83	4.4	6.4	9.0	12.7	16.9	22.2	—	—	—	—

四、实验器材与试剂

器材：台秤，铁坩埚，铁架台，泥三角，抽滤瓶及布氏漏斗，温度计(0～100 ℃)，烘箱，表面皿，蒸发皿，烧杯及量筒，CO_2 气体钢瓶(启普发生器)，尼龙布或的确良布等，广泛 pH 试纸，8 号铁丝。

试剂：软锰矿，KOH(s，2 mol·L⁻¹)、KClO₃(s)。

五、实验步骤

1. 锰酸钾溶液的制备

1) 碱熔

在台秤上称取 2.0 g 固体 KClO₃ 和 5.0 g 固体 KOH，放入铁坩埚内，用铁夹将坩埚夹紧并固定在铁架上，戴上防护眼镜，然后小心加热固体混合物并用铁棒搅拌。待混合物熔融后，在搅拌下将 3.5 g 软锰矿分次慢慢地加入铁坩埚中，当熔融物的黏度逐渐增大时，要大力搅拌以防结块。待反应物干涸后，再加强热 5 min，并用铁棒将其尽量捣碎。

2) 浸取

待物料冷却后，在研钵中研细，放入 250 mL 烧杯中，加入 30 mL 蒸馏水，微热、搅拌进行浸取。浸取后静止片刻，用倾析法将上层清液倒入另一烧杯中。再依次用 25 mL 水、10 mL 2 mol·L⁻¹ KOH 重复上述操作。共浸取三次，并将前两次浸取液并入第三次浸取液的烧杯中。

2. 高锰酸钾的制备

在浸取液中通入 CO_2 气体，至 K₂MnO₄ 完全歧化为 KMnO₄ 和 MnO₂，用 pH 试纸测定溶液的 pH。当溶液的 pH 达到 10～11 时，即停止通 CO_2(或用玻璃棒蘸取溶液于滤纸上，如只呈现紫红色斑点而无绿色痕迹，即表示歧化完全)。然后把溶液加热，趁热用铺有尼龙布的布氏漏斗进行减压过滤，除去残渣，将滤液倒入蒸发皿中，加热蒸发浓缩至表面出现晶膜为止。冷却结晶，将产品抽滤至干(母液回收）。

3. 重结晶提纯

利用重结晶方法对产品提纯，所得产品称量，计算产率。

六、思考题

(1) 如何由软锰矿或工业级 MnO_2 制备 $KMnO_4$？

(2) 能否用加盐酸或通氯气的方法代替在 K_2MnO_4 溶液中通 CO_2？为什么？

(3) 过滤 $KMnO_4$ 溶液时为什么要用的确良布代替滤纸？

(4) 为什么碱熔时要铁坩埚，而不能用瓷坩埚？

（周娅芬）

实验 13　微波辐射合成磷酸锌

一、实验目的

(1) 了解磷酸锌的微波合成原理和方法。

(2) 掌握微型吸滤的基本操作。

二、预习要求

了解微波辐射合成技术。

三、实验原理

磷酸锌$[Zn_3(PO_4)_2 \cdot 2H_2O]$是一种新型防锈颜料，可用于配制各种防锈涂料，后者可代替氧化铅作为底漆。它的合成通常是用硫酸锌、磷酸和尿素在水浴加热下反应，反应过程中尿素分解放出氨气并生成铵盐，过去反应需 4 h 才完成。本实验采用在微波加热条件下进行反应，反应时间缩短为 10 min。反应式为

$$3ZnSO_4 + 2H_3PO_4 + 3(NH_2)_2CO + 7H_2O \Longrightarrow Zn_3(PO_4)_2 \cdot 4H_2O +$$
$$3(NH_4)_2SO_4 + 3CO_2 \uparrow$$

所得的四水合晶体在 110 ℃烘箱中脱水即得二水合晶体。

四、实验器材与试剂

器材：微波炉，台秤，微型吸滤装置，烧杯，表面皿。

试剂：$ZnSO_4 \cdot 7H_2O(s)$，尿素(s)，磷酸(85%)，无水乙醇，$BaCl_2(0.1 \ mol \cdot L^{-1})$。

五、实验内容

称取 2.0 g 硫酸锌于 50 mL 烧杯中,加 1.0 g 尿素[1]和 1.0 mL H_3PO_4,再加 20 mL 水搅拌溶解,把烧杯置于 100 mL 烧杯水浴中,盖上表面皿,放进微波炉中[2],以大火挡(约 600 W)辐射 10 min,烧杯内隆起白色沫状物。停止辐射加热后,取出烧杯,用蒸馏水浸取、洗涤数次、吸滤[3]。晶体用水洗净至滤液无 SO_4^{2-}。产品在 110 ℃烘箱中脱水得到 $Zn_3(PO_4)_2 \cdot 2H_2O$,称量计算产率。

六、思考题

(1) 还有哪些制备磷酸锌的方法?

(2) 如何对产品进行定性检验? 请拟出实验方案。

(3) 为什么微波辐射加热能显著缩短反应时间? 使用微波炉要注意哪些事项?

【注释】

[1] 加尿素的目的是调节反应体系的酸碱性。

[2] 微波辐射对人体会造成损害。使用时要遵照有关操作程序与要求进行,以免受到损害。

[3] 合成反应完成时溶液的 pH 为 5~6,晶体最好洗涤至近中性再吸滤。

(柴雅琴)

实验 14　微乳液法合成 $CaCO_3$ 纳米微粒

一、实验目的

掌握微乳液法及微乳液法合成 $CaCO_3$ 纳米微粒的原理,为进一步了解纳米科学提供了理论前提,提高对纳米科学和纳米材料的认识。

二、预习要求

(1) 在实验前详细阅读课本中的有关知识,明确实验原理和操作步骤。

(2) 明确本实验的重点和难点。

(3) 仔细准备实验所需要的仪器和药品。

(4) 详细阅读课后思考题,明确实验细节。

三、实验原理

微乳液法合成 $CaCO_3$ 纳米微粒是将可溶性碳酸盐和可溶性钙盐分别溶于组

成完全相同的两份微乳液中,然后在一定条件下混合反应,在较小区域内控制晶粒成核与生长,再将晶粒与溶剂分离,即得到纳米碳酸钙颗粒。微乳液通常是由表面活性剂、助表面活性剂、油和水组成的透明的各向同性的热力学稳定体系。微乳液中,微小的"水池"被表面活性剂和助表面活性剂所组成的单分子层界面包围而形成微乳颗粒,其大小可控制在几纳米至几十纳米之间。微小的"水池"尺度小且彼此分离,因而构不成水相,通常称之为"准相"。微乳颗粒在不停地做布朗运动,不同颗粒互相碰撞时,组成界面的表面活性剂和助表面活性剂的碳氢键可以互相渗入,与此同时,"水池"中的物质可以穿过界面进入另一个颗粒中,微乳液的这种物质交换的性质使"水池"中进行化学反应成为可能。

采用微乳液法合成的纳米碳酸钙一般为非晶质或霰石型晶体。其控制因素主要有表面活性剂及助表面活性剂的种类和比例、碳酸盐及钙盐的浓度、反应温度等。

在油包水型微乳溶液中发生反应时,试剂氯化钙在聚丙烯酸酯、丙酮、乙醇、甲苯和水的微乳溶液中,碳酸钠在含表面活性剂的甲苯、水微乳溶液中,实现反应的一个先决条件是两个液滴通过聚结而交换试剂。由于生成碳酸钙的化学反应速率很快,总反应速率很可能受液滴聚结速率所控制。在油包水型的微乳中,液滴不断地碰撞、聚结和破裂,使得所含溶质不断交换。碰撞过程取决于当水滴相互靠近时表面活性剂尾部的相互吸引作用以及界面的刚性,一个相对刚性的界面能降低聚结速率(聚丙烯酸酯也能降低粒子碰撞速率),而一个很柔性的界面将加速沉淀速率。

本实验通过控制界面结构来控制反应速率,加入 AEO_9(烷基碳链为 $C_{12} \sim C_{16}$)和聚丙烯酸酯控制界面结构,当试剂碳酸钠的微乳液滴入氯化钙的微乳状液时,由于水滴的碰撞和聚结,碳酸钠和氯化钙相互接触并形成淡蓝色沉淀或呈半透明状。这种沉淀局限在微乳液滴的内部,形成的颗粒大小和形状反映液滴的内部情况。这是用微乳法制备纳米粒子的原理之一。制备碳酸钙时先用氯化钙与乙醇生成络合物来控制溶液中的钙离子浓度。在微乳液中的水通道周围迅速形成聚丙烯酸酯共聚物和 AEO_9 的复合膜,这有可能使水核的合并降到最低程度,并使生成的碳酸钙周围立即包上一层高分子膜和表面活性剂分子,使粒子间不易聚结,这是制备纳米碳酸钙的关键。可以根据纳米碳酸钙的不同用途来选择各种各样的高分子膜。聚丙烯酸酯聚合物是理想的成膜材料,得到的纳米碳酸钙直径分布很窄,即粒子大小很均匀,这是由于水核半径在同一溶液中是一定的,界面上表面活性剂单层提供一个限制碳酸钙颗粒长大的壁垒,水核成了限制沉淀反应的纳米反应器,于是在其中生成的粒子尺寸也就得到控制。由此可见,水核的大小控制了超细微粒的最终粒径。水核的大小可由水油的比例和表面活性剂的浓度来控制,制得碳酸钙颗粒直径为 $8 \sim 20$ nm。

四、实验器材与试剂

器材:离心机,电子显微镜,均质机,超声仪。

试剂:氯化钙,乙醇,碳酸钠,丙烯酸酯,聚丙烯酸酯,丙酮,甲苯。

五、实验内容

(1) 将氯化钙粉末倒入乙醇中,配制饱和溶液,然后加入 AEO₉、丙酮、甲苯、聚丙烯酸酯,用均质机搅拌,制成微乳液,称为 A 组分。

(2) 将碳酸钠倒入水中制成饱和溶液,倾出透明的饱和溶液,加入 AEO₉、丙酮、甲苯、丙烯酸酯(作表面活性剂),制成微乳液,称为 B 组分。

(3) 将 B 组分倒入 A 组分,搅拌下混合,溶液呈半透明蓝白色絮状沉淀,反应中应控制温度不能过高,若温度升高到 25 ℃以上,出现白色沉淀的颗粒会变大。沉淀碳酸钙用 500 rpm(转·min⁻¹)的离心机分离 10 min,100 ℃干燥,然后用超声仪粉碎,得到 1~10 nm 的碳酸钙。

六、思考题

(1) 什么是微乳液法?

(2) 微乳液法合成 CaCO₃ 纳米微粒的关键是什么?

(莫尊理　张　春　张　平)

实验 15　超声作用下电解法合成高铁酸钠

一、实验目的

(1) 了解电解池的基本组成及工作原理。

(2) 学习以金属铁为起始原料,在碱性溶液中利用电化学法合成高铁酸钠的方法。

二、预习要求

(1) 学习电化学合成法的基本原理。

(2) 了解高铁酸钠的基本性质及用途。

三、实验原理

1. 电解法制备高铁酸钠的原理

高铁酸盐在酸性或中性溶液中极易分解并放出氧气,因此制备时通常在强碱性介质中进行。在电化学氧化制备高铁酸钠过程中,一般采用强碱性介质为电解质,铁为阳极。在该过程中,因铁阳极上有难溶的不导电的 FeO、Fe_2O_3 等产物生成,故易使电极钝化而失活,同时阳极上有 O_2 放出的副反应,若采用提高操作电流密度的方法,又会使过程电流效率下降。因此,在采用电化学氧化方法制备高铁酸钠的过程中,为了使反应能够正常进行,降低能耗,从而实现从实验室研究向工业化应用的突破,则需要提高过程反应速率和电流效率,这是关键。

在电化学法制取高铁酸钠过程中,以 $NaOH$ 溶液为电解液,铁为阳极,不锈钢为阴极,其基本原理为

阳极反应　　$Fe + 8OH^- \longrightarrow FeO_4^{2-} + 4H_2O + 6e^-$

阴极反应　　$2H_2O \longrightarrow H_2 \uparrow + 2OH^- - 2e^-$

总反应　　　$Fe + 2OH^- + 2H_2O \Longrightarrow FeO_4^{2-} + 3H_2 \uparrow$

该过程中影响过程速率的主要因素有电极的组成和结构、电解液的碱浓度、操作电流密度及系统温度等。

2. 超声的应用机理

超声应用于电化学过程的机理可归功于超声产生的空化效应及其随后的微射流作用。超声在电解法制取高铁酸钠过程中的应用,其机理就是利用声冲击流、声空化的非线性效应,促进固液界面的表面更新,从而加快过程传递速率。

（1）以铁作阳极,因可生成不导电的铁氧化物而使电解过程中电压升高,电解过程难以顺利进行,利用超声的冲击流作用清洗电极,可从根本上解决电极失活和电极导电性问题,以降低能耗。

（2）在阳极生成 FeO_4^{2-} 的同时有 O_2 放出的副反应,利用超声的脱气作用,解决提高反应速率和提高电流效率间存在的矛盾。

（3）当 $Fe(Ⅵ)$ 溶液中存在 Fe^{3+} 和 Fe^{2+} 时,能加速 $Fe(Ⅵ)$ 的分解,而采用超声强化传质的方法可使溶液中低价铁在电极上迅速氧化生成高铁酸盐,将电极附近生成的 $Fe(Ⅵ)$ 及时传递到溶液中,减少 $Fe(Ⅵ)$ 的分解,提高过程的电流效率。

四、实验器材与试剂

器材:超声波清洗器,HPD1A 型恒电位仪,HYLA 型系列恒压/恒流源,

3086XY 记录仪，TU1800SPC 型紫外-可见分光光度计，隔膜电解槽（自制），砂纸。

试剂：7.0 cm×5.5 cm 的纯铁板和不锈钢板，Nafion TM 350 阳离子膜，NaOH(12 mol・L^{-1})。

五、实验内容

1. 实验前准备

如图 1-4 所示，组装实验装置。超声波清洗器的超声频率为 20 kHz，功率为 500 W。实验时将电解槽浸入超声槽中，通过控制超声波清洗器的开启和关闭，在体系温度为 20～50 ℃，电流密度为 500～2000 A・m^{-2}，充电电压为 1.92～1.83 V 的条件下电解反应 2～3 h。

2. 稳态极化曲线的测定

在三电极体系中，以铁丝为研究电极，铂为辅助电极，饱和甘汞电极为参比电极，采用稳态极化技术测定电化学氧化铁电极制备高铁酸钠的极化曲线。

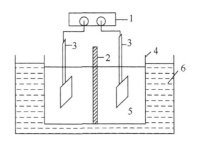

图 1-4　电解法制备高铁酸钠的实验装置示意图
1. 恒电位仪；2. 隔膜；3. 电极；4. 电解槽；
5. 氢氧化钠溶液；6. 超声槽

3. 高铁酸钠溶液的制备

将浓度为 12 mol・L^{-1} 的 NaOH 溶液分别置于隔膜电解槽的阳极室与阴极室，电解槽置于恒温超声槽中。分别采用 7.0 cm×5.5 cm 的纯铁板和不锈钢板作阳极和阴极，使用之前铁电极用不同型号的砂纸打磨至光亮，以除去表面氧化层。采用 HYLA 型系列恒压/恒流源进行恒流电解，间隔一定时间取样分析阳极液中高铁酸钠溶液的浓度。

4. 高铁酸钠溶液浓度的分析

采用紫外-可见分光光度计测定电解液中高铁酸钠溶液的浓度。选择 505 nm 作为高铁酸钠的定量吸收波长。由高铁酸钠溶液的吸光度与其浓度关系的标准曲线可计算得到高铁酸钠溶液的浓度。

5. 高铁酸钠分解反应速率的测定

将电解制得的一定浓度的高铁酸钠溶液移入烧瓶中,并置于一定温度的恒温槽中,每隔一段时间取出烧瓶中的少量样品,用紫外-可见分光光度计测定其吸光度,以此来表征体系中高铁酸钠溶液浓度的变化,从而获得不同温度下高铁酸钠的分解反应速率。

六、思考题

(1) 除电解法外,举出其他制备高铁酸盐的方法。
(2) 能否在酸性介质中制备出高铁酸盐? 为什么?

(张　春　莫尊理　张　平)

第 2 章　配合物的制备

学习指导

配位化合物是一类应用非常广泛的重要化合物。随着科学技术的发展,配合物在科学研究和生产实践中显示出越来越重要的作用,不仅在化学领域里得到广泛的应用,并且对生命现象也具有重要的意义。

配合物在化学学科尤其是分析化学中具有广泛的应用,如定性鉴定、定量测定中应用了许多配合物和配位反应。配合物在化工、冶金和电镀工业中占有重要的地位,湿法冶金和金属电镀中使用了许多配位反应。配合物在生命科学中也很重要,类比植物的光合作用和人体内血液的携氧作用的重要性,就很容易理解配合物在生命体的重要性。

本章将重点介绍直接合成法、氧化还原法和取代合成法这三种配合物的制备方法。通过本章的学习,应掌握配合物的一般制备方法,熟悉各种表征手段,为今后的学习打下基础。

2.1　直接合成法

所谓直接合成法就是通过配体和金属离子直接进行配位反应,从而合成配合物的方法,包括溶液中的直接配位反应、金属蒸气法和基底分离法等,下面就几种常用的合成方法作简单介绍。

2.1.1　溶液中的直接配位反应

在溶剂存在下直接配位合成配合物中,作为配合物中心原子的来源,最常用的金属化合物是无机盐(如卤化物、乙酸盐、硫酸盐等)、氧化物和氢氧化物等。选择过渡金属化合物时要兼顾易与配体发生反应和易与反应产物分离两方面。

溶液中直接配位合成配合物时,溶剂的选择往往特别重要,一种良好的溶剂应该是反应物在其中有较大的溶解度而且不与反应物发生作用(如水解、醇解等),并且要有利于产物的分离。

水是重要的溶剂之一,如果配合物对水不敏感,应尽量选择水。乙酰丙酮、氨、氰和胺类的许多配合物的合成是在水溶液中进行的。例如由硫酸铜和草酸钾直接合成二草酸合铜(Ⅱ)酸钾是在水溶液中进行的:

$$CuSO_4 + 2K_2C_2O_4 \Longrightarrow K_2[Cu(C_2O_4)_2] + K_2SO_4$$

　　溶液的酸度对反应产率和产物分离有很大影响,控制溶液的 pH 是合成某些配合物的关键。例如,由三氯化铬与乙酰丙酮水溶液合成$[Cr(C_5H_7O_2)_3]$时,由于反应物和产物都溶于水,反应无法进行到底。如果在反应液中加入尿素,由尿素水解生成的氨来控制溶液的 pH,则产物很快地结晶出来。

$$CO(NH_2)_2 + H_2O \Longrightarrow 2NH_3 + CO_2$$
$$CrCl_3 + 3C_5H_8O_2 + 3NH_3 \Longrightarrow [Cr(C_5H_7O_2)_3] + 3NH_4Cl$$

　　对于卤素、砷、磷酸酯、膦、胺、β-二酮等配体的配合物可在非水溶液中合成,常用的溶剂有醇、乙醚、苯、甲苯、丙酮、四氯化碳等。例如把二酮 $CF_3COCH_2COCF_3$ 直接加到 $ZrCl_4$ 的 CCl_4 悬浊液中,加热回流混合物直至无 HCl 放出,可得到锆的螯合物。

$$ZrCl_4 + 4CF_3COCH_2COCF_3 \xrightarrow[\text{回流}]{CCl_4} [Zr(CF_3COCHCOCF_3)_4] + 4HCl$$

　　有些配体(例如乙醛、吡啶、乙二胺等)本身就是良好的溶剂。例如,在乙腈溶液中可直接进行下列反应:

$$Cu_2O + 2HPF_6 + 8CH_3CN \Longrightarrow 2[Cu(CH_3CN)_4]PF_6 + H_2O$$

　　混合溶剂在直接合成中也是经常用到的。

2.1.2　组分化合法合成新的配合物

　　把配合物的各组分按适当的分量和次序混合,在一定反应条件下直接合成配合物。例如

　　二水合乙酸锌的吡啶饱和溶液经分子筛脱水,然后与吡咯、吡啶醛、分子筛一起装入高压瓶中,脱气后用油浴加热到 $130 \sim 150\ ℃$,保温 48 h,冷却,过滤,用无水乙醇洗涤晶体,风干,得到紫色晶体。

　　该方法特别适合用于制备不稳定的配合物,因为在合成过程中避免了制备、分离配体的步骤。

2.1.3　金属蒸气法和基底分离法

　　金属蒸气法简称 MVS 法,是指反应物在蒸发器中经高温产生活性很高的金属蒸气,这些活泼的金属原子和配体(分子或原子团)在低温沉积壁上发生反应而

得到配合物。显然,该方法要求高真空、高温,对反应设备要求很高,主要用于合成某些低价金属的单核配合物、多核配合物、原子簇配合物和有机金属配合物。低温下金属原子和配体的沉积和反应避免了配合物分子的热分解。金属蒸气法及在其基础上发展起来的基底分离法为合成化学开辟了一条很有希望、很有价值的新的配合物合成途径。

MVS 法的反应装置多种多样。由于各种金属的熔点不同,加热条件下金属的蒸气压不同,金属存在的形式(粉末、丝状或片状等)及化学性质不同,反应装置因而也不相同。一般装置是由金属蒸发器、反应室和产物沉积壁等组成,整个体系要保持良好的真空度。

例如由钴原子直接合成 $Co_2(PF_3)_8$ 的简单装置如图 2-1 所示,先在气体量管中充以 PF_3,金属钴置于氧化铝坩埚中,将体系抽真空后,把坩埚加热到 1300 ℃,用液氮冷却反应器,PF_3 以 10 mmol·min^{-1} 的速度参加反应,继续将坩埚升温到 1600 ℃,使金属蒸发,反应器壁作为沉积壁用来沉积反应产物,待反应结束后,冷却坩埚,反应器中充入氮气,取出蒸发器并装入盲板。然后将反应器加热到室温,抽出未反应的 PF_3,而产物 $Co_2(PF_3)_8$ 因挥发性小而留在反应器壁上,最后可得到产物。

用 MVS 法合成的配合物已经越来越多,如 $Ni(PF_2Cl)_4$、$Mn(PF_3)(NO)_3$、$Cr(PF_3)_6$、$Ni(PF_3)_6(PH_3)$ 以及许多 Cr、Pd、Ni、Fe、Mn 等过渡金属与共轭有机配体的 π 配合物等。

基底分离法与 MVS 法相似。在 MVS 法中最低共沉积温度是液氮温度(77 K),若要合成以克计的含 N_2、O_2、H_2、CO、NO 和 C_2H_4 等配体的配合物是不可能的。因为一方面在 77 K 温度下这些配体不凝聚,另一方面金属原子在这类挥发性配体中的扩散和凝聚过程远超过金属-配体间的配位反应,所以在反应器壁上得到的是胶态金属。当体系温度低于配体熔点的 1/3 时,基底上金属-配体的配位作用超过金属的凝聚作用。例如 Ni 原子和 N_2 的反应

$$Ni + N_2 \begin{cases} \xrightarrow{77\ K} Ni_x(N_2)_{\text{吸附}} \\ \xrightarrow{12K} Ni(N_2)_4 \end{cases}$$

所以,要实现该配合物的合成必须在

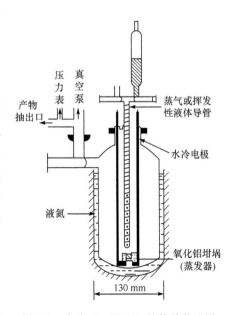

图 2-1　合成 $Co_2(PF_3)_8$ 的简单装置图

很低的温度下进行。在具体的合成工作中要针对反应体系选择适当的温度、沉积速率以及配体和金属原子的浓度。

　　G. A. Ozin 的基底分离法合成装置中包括由电子枪产生的金属（V、Cr、Mn、Fe、Ru 等）原子蒸气、作为反应室的大容量闭合循环氦制冷器（反应室温度可达 10 K）和用来沉积配合物的反应屏。例如，用此法合成过渡金属的羰基配合物时，把 10～100 mg 金属蒸气和 10～100 g 一氧化碳沉积到 10^{-3} Pa、30 K 的铜质反应屏上，反应完成后，将深冷屏加热，除去未反应的一氧化碳，然后把产物溶于适当的溶剂中（如戊烷、甲苯等），从而将产物分离出来。

2.2　氧化还原法

　　氧化还原反应法不仅广泛应用在经典配合物的制备，还应用于许多新型配合物的制备，如金属有机配合物、夹心配合物、簇合物等。

2.2.1　由金属单质直接制备金属配合物

　　金属溶解在酸中制备某些金属离子的水合物是常见的水溶液反应。例如，金属镓和过量的高氯酸（72%）一起加热至沸，金属镓全部溶解后冷却至略低于混合物沸点温度时（200 ℃），就有 $[Ga(H_2O)_6](ClO_4)_3$ 晶体析出。

　　金属与配体直接反应，如 Fe 与 CO 反应生成 $Fe(CO)_5$，Ni 与 CO 反应生成 $Ni(CO)_4$。

　　在非水溶液中也常用氧化金属法来制备配合物，如 Fe 与环戊二烯反应制备二茂铁，金属铬与苯反应制备二苯铬。Fe 和 H(fod) 在乙醚中、氩气保护下回流即得到配合物 $Fe(fod)_3$［注：fod＝$CF_3CF_2CF_2C(OH)$：$CHCOC(CH_3)_3$］。

2.2.2　由低氧化态金属制备高氧化态金属配合物

　　过渡金属的高氧化态配合物可由相应的低氧化态化合物经氧化、配位制得。最常见的例子如实验 20 中二氯化一氯五氨合钴（Ⅲ）的制备：

$$Co^{2+}+NH_4^{+}+4NH_3+\frac{1}{2}H_2O_2 \longrightarrow [Co(NH_3)_5H_2O]^{3+}$$

$$[Co(NH_3)_5H_2O]^{3+}+3Cl^{-} =\!\!=\!\!= [Co(NH_3)_5Cl]Cl_2+H_2O$$

常见的氧化剂有过氧化氢、空气、卤素、高锰酸钾、二氧化铅等。例如氯气可将 Pt(Ⅱ) 的配合物直接氧化成 Pt(Ⅳ) 配合物：

$$cis\text{-}[Pt(NH_3)_2Cl_2]+Cl_2 =\!\!=\!\!= cis\text{-}[Pt(NH_3)_2Cl_4]$$

2.2.3　由高氧化态金属制备低氧化态金属配合物

　　高氧化态金属化合物经还原、配位过程可得到低氧化态配合物。还原剂可用氢气、钾、钠(或钾、钠汞齐)、锌、肼及有机还原剂等。

例 1　将三苯基膦的无水乙醇溶液加入三水合氯化铑(Ⅲ)的无水乙醇溶液中,用甲醛作还原剂,制备一氯一羰基双(三苯基膦)合铑(Ⅰ)。

例 2　在氮气保护下,将三苯基胂的甲醇溶液、硝酸铜和铜粉混合,加热回流,过滤,得到一硝酸根三(三苯基胂)合铜(Ⅰ)白色晶体。这是利用高氧化态金属和低氧化态金属制备中间氧化态金属配合物。

例 3　过渡金属羰基配合物是用 CO 作还原剂,在高压下由过渡金属氧化物直接制备。例如

$$MoO_3 + 9CO = Mo(CO)_6 + 3CO_2$$

另外,电化学法合成配合物不用另外加入氧化剂或还原剂,这是最直接、简单的氧化还原反应合成方法,可以在水溶液中进行,也可以在非水溶液或混合溶液中进行,可用惰性电极,也可用参加反应的金属作电极。例如用电解法由钨酸钾制备九氯合二钨(Ⅲ)酸钾($K_3[W_2Cl_9]$)。

电化学合成法目前在有机弱酸和卤化物反应体系中应用较多,如在水和甲醇的混合溶液中,加入乙酰丙酮和氯化物,以 Fe 作电极(电极将参加反应),电解后得到浅棕色晶体$[Fe(C_5H_7O_2)_2]$。

对于一些易水解的配合物常采用非水溶液的电化学合成体系。

2.3　配体取代法

过渡元素和主族元素的大多数配合物是经由取代反应制备的。该方法的原理就是用适当的配体(通常是位于光谱化学序列右边的配体)取代化合物中的水分子或其他配体(通常是位于光谱化学序列左边的配体)。取代反应中一般不发生配位数变化。从实验角度讲,有两类特点鲜明的取代反应,一类是活性配合物的取代反应;另一类是惰性配合物的取代反应。活性配合物的取代反应进行得很迅速,当反应物混合时,反应几乎立即完成。活性配合物的取代通常在水溶液中进行,因为绝大多数水合物是活性配合物。惰性配合物的取代反应进行得很慢,实验中通常要使用较大的反应物浓度或(和)加热反应混合物,有时还要使用催化剂等。

2.3.1　活性配合物的取代反应

向含 Cu^{2+} 的水溶液中加入过量的氨水,立即形成蓝紫色的铜氨配离子。

$$[Cu(H_2O)_4]^{2+} + 4NH_3(aq) = [Cu(NH_3)_4]^{2+} + 4H_2O$$

虽然这个反应能迅速完成,但溶液中实际上能够同时存在的物质包括$[Cu(H_2O)_4]^{2+}$、$[Cu(NH_3)(H_2O)_3]^{2+}$、$[Cu(NH_3)_2(H_2O)_2]^{2+}$、$[Cu(NH_3)_3(H_2O)]^{2+}$和$[Cu(NH_3)_4]^{2+}$多种配离子。它们的浓度分布取决于反应物的浓度。依据稳定常数数据,适当选择反应物浓度,就可以使其中某一物质的

浓度最大,但当加入乙醇,降低配合物的溶解度时,得到的固体配合物仅含 $[Cu(NH_3)_2(H_2O)_2]^{2+}$ 配离子,说明溶液中配合物的组成往往跟固态时不同。

硫脲与硝酸铅在水溶液中的反应是活性取代反应的另一例子。

$$[Pb(H_2O)_6]^{2+}+6SC(NH_2)_2 =\!=\!=[Pb[SC(NH_2)_2]_6]^{2+}+6H_2O$$

反应中硫脲迅速取代配位水,生成的产物中也包含有多种组成的配离子(甚至还含有多聚体),但它们基本上是六配体的配离子。

用一个配位能力很强的配体,可以很容易地在水溶液中取代全部配位水分子,生成电中性的不溶于水的配合物,该配合物沉淀可在有机溶剂中重结晶。例如

$$[Fe(H_2O)_6]^{3+}(aq)+3acac^-(aq)=\!=\!=[Fe(acac)_3](s)+6H_2O$$

式中,$acac^-$ 为乙酰丙酮阴离子。

2.3.2　惰性配合物的取代反应

惰性配合物的取代反应多涉及低自旋型的配合物,反应机理比活性配合物更复杂,实验操作要求更精细。例如,为了制备 $K_3[Rh(C_2O_4)_3]$,必须使用较浓的 $K_3[RhCl_6]$ 水溶液和 $K_2C_2O_4$ 溶液,并煮沸 2 h,随后进行浓缩蒸发,方可获得产物晶体。

$$\underset{\text{酒红色}}{K_3[RhCl_6]}+3K_2C_2O_4 =\!=\!= \underset{\text{黄色}}{K_3[Rh(C_2O_4)_3]}+6KCl$$

$K_3[Co(NO_2)_6]$ 是一惰性配合物,它与乙二胺水溶液的取代反应需在加热的条件下方可完成,由于反应进行得较慢,还可以分离出它的中间产物,如 $[Co(NO_2)_4(en)]^-$ 等。

$$[Co(NO_2)_6]^{3-}+2en=\!=\!= cis\text{-}[Co(NO_2)_2(en)_2]^++4NO_2^-$$

往含有碳酸铵和氨水的 Co(Ⅱ)盐(活性)的水溶液中通入空气,使 Co^{2+} 氧化并生成惰性的 $[Co(CO_3)(NH_3)_5]^+$ 配离子,后者与酸式氟化铵水溶液只有加热到 90 ℃、持续 1 h 才可转变为 $[CoF(NH_3)_5]^{2+}$ 配离子

$$[Co(CO_3)(NH_3)_5]^++2HF \longrightarrow [CoF(NH_3)_5]^{2+}+F^-+CO_2+H_2O$$

反应中也生成中间产物 $[Co(NH_3)_5(H_2O)]^{3+}$。

简单的配体取代反应甚至可以用来制备双氮金属配合物。

$$[Ru(NH_3)_5(H_2O)]^{2+}+N_2=\!=\!=[Ru(NH_3)_5(N_2)]^{2+}+H_2O$$

双氮配合物的合成具有重大的意义。由多种研究表明,通过双氮配合物的生成,削弱了 N≡N 叁键的强度,为在室温、常压下将 N_2 转化为 NH_3 创造了条件。

2.3.3　非水介质中的取代反应

在制备某些配合物,特别是金属有机化合物时,需要避免水的存在。一个典型的例子是,如果往铬(Ⅲ)盐的水溶液中滴加氨水或乙二胺的水溶液,就会析出胶状的羟基配合物沉淀,而得不到 $[Cr(NH_3)_6]^{3+}$ 或 $[Cr(en)_3]^{3+}$

$$[Cr(H_2O)_6]^{3+}+3NH_3=\!=\!=[Cr(OH)_3(H_2O)_3]\downarrow+3NH_4^+$$

$$[Cr(H_2O)_6]^{3+}+3en \Longrightarrow [Cr(OH)_3(H_2O)_3]\downarrow +3enH^+$$

这时,就应该考虑使用金属无水盐在非水介质中合成。

多种方法可用于制备无水金属氯化物。例如,用氯化亚砜、二甲氧基丙烷或原甲酸三乙酯与水合盐在加热条件下反应,可以除去结合水。

$$H_2O+SOCl_2 \Longrightarrow SO_2+2HCl$$
$$H_2O+(CH_3)_2C(CH_3)_2 \Longrightarrow 2CH_3OH+(CH_3)_2CO$$
$$H_2O+(C_2H_5O)_3CH \Longrightarrow 2C_2H_5OH+HC(O)OC_2H_5$$

另一制备无水金属盐的非常有用的方法是用金属氧化物与氯代烃反应。高沸点的六氯丙烯 $C(Cl)_2C(Cl)CCl_3$ 是很理想的氯化剂,反应中端基—CCl_3 变成—$COCl$。

用无水 $CrCl_3$ 与液氨作用,可以制得$[Cr(NH_3)_6]^{3+}$。

$$CrCl_3(无水)+6NH_3(l) \Longrightarrow [Cr(NH_3)_6]Cl_3$$

在乙醚中用无水 $CrCl_3$ 与 en 作用,便可顺利制得$[Cr(en)_3]^{3+}$。

$$CrCl_3+3en \xrightarrow{\text{乙醚}} [Cr(en)_3]Cl_3$$
$$\quad 紫色 \qquad\qquad\qquad 黄色$$

硫氢酸钾在 173 ℃时熔化,熔化的 KNCS 在高于熔点的温度下可用作溶剂。在该介质中,$[Cr(H_2O)_6]^{3+}$ 中的水很容易被取代。

$$[Cr(H_2O)_6]^{3+}+6NCS^- \xrightarrow{180\ ℃} [Cr(NCS)_6]^{3-}+6H_2O$$

前面提到氯化亚砜跟水一起回流时,可以制得金属氯化物。此外,氯化亚砜也是制备金属氯配阴离子的合适试剂。

$$2NEt_4Cl+NiCl_2 \xrightarrow{SOCl_2} (NEt_4)_2[NiCl_4]$$

但在温度过高时,氯化亚砜会慢慢产生氯气,这一缺点妨碍了它的更广泛应用。

BrF_3 可使大多数盐转化为该元素的最高氟化物,如果同时存在碱金属盐,可变为氟配阴离子。BrF_3 是非常强的氟化剂,它甚至可以与金属和合金反应,例如与银-金合金(1∶1)反应。

$$AgAu(合金) \xrightarrow{BrF_3} Ag[AuF_4]$$

【思考题】

2-1　阅读本章,翻阅本书中的实验项目,列出其中的氧化还原反应,分析这些反应的反应物和产物、过程和条件,理解反应在无机物制备中的作用。

2-2　在配合物的制备中应用溶剂的作用及选择原则是什么?

2-3　仔细研读本章内容和所附基础实验,分析并设计本书设计 3 中给出的化合物的制备路线。

(周娅芬　岳　凡)

实验 16　杂多化合物的制备

一、实验目的

（1）了解杂多化合物的生成原理，掌握杂多化合物制备的一般方法。

（2）了解杂多化合物的常见性质。

二、预习要求

了解杂多酸化合物的结构，熟悉乙醚萃取法制备多酸的方法。

三、实验原理

某些简单的含氧酸根在酸性溶液中具有很强的缩合倾向。缩合脱水的结果是通过共用氧原子（称为氧桥）把简单的含氧酸根连接在一起，形成多酸。例如

$$2CrO_4^{2-} + 2H^+ \Longrightarrow Cr_2O_7^{2-} + H_2O$$

$$12WO_4^{2-} + 18H^+ \Longrightarrow H_2W_{12}O_{40}^{6-} + 8H_2O$$

类似的，MnO_4^{2-}、VO_3^-、MoO_3^-、TaO_3^- 等也可以形成多酸。根据多酸的组成，可以把多酸分为同多酸和杂多酸。由同种含氧酸根缩合而成的多酸称为同多酸，如 $H_2Mo_3O_{10}$、$H_2W_{12}O_{40}^{6-}$，同多酸的盐称为同多酸盐。由不同种含氧酸根缩合而成的多酸称为杂多酸，相应的盐称为杂多酸盐。我们把杂多酸和杂多酸盐统称为杂多化合物，例如 $H_3PW_{12}O_{40}$、$H_4SiMo_{12}O_{40}$ 都是杂多酸。由钨酸根和磷酸根形成的杂多酸称为钨磷酸。习惯上把其中的磷称为杂原子（因其量少而得名）。杂原子与多原子的比例不同时，形成的杂多酸的结构不同。当 P：W 比值为 1：12 时，其分子式为 $H_3PW_{12}O_{40}$，其结构式常写成 $H_3[P(W_3O_{10})_4]$，这种结构称为 Keggin 结构（图 2-2）。具有 Keggin 结构的杂多酸根还有 $AsW_{12}O_{40}^{3-}$、$SiMo_{12}O_{40}^{4-}$、$GeW_{12}O_{40}^{4-}$ 等。在 Keggin 结构中，P（V）、As（V）、Si（IV）、Ge（IV）等处于整个结构的中心，因此又得名中心杂原子。多原子则以 $W_3O_{10}^{2-}$、Mo_3O_{10} 等三金属簇形式配位到中心杂原子上。从结构上看，杂多酸及其盐是一种特殊的配合物。

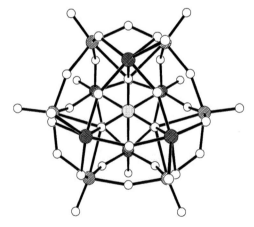

图 2-2　十二钨磷酸分子结构

四、实验器材与试剂

器材：电磁搅拌器，分液漏斗(150 mL 或 100 mL)，烧杯(500 mL，50 mL)。

试剂：$Na_2WO_4 \cdot 2H_2O$ (s)，$Na_2SiO_3 \cdot 9H_2O$ (s)，HCl (浓，3 mol·L^{-1})，乙醚。

五、实验内容

1. 十二钨硅酸的合成

称 10 g $Na_2WO_4 \cdot 2H_2O$ 溶于 20 mL 沸水中，再加入 0.7 g $Na_2SiO_3 \cdot 9H_2O$，加热搅拌使其溶解，在微沸下用滴管缓慢地把 4 mL 浓盐酸边滴加边搅拌加入烧杯中。开始滴入时有黄色钨酸沉淀出现，要继续滴加盐酸并不断搅拌，直至不再有黄色沉淀时，便可停止加盐酸(此过程用时 12～15 min)。溶液抽滤，滤液冷却到室温。

2. 十二钨硅酸的萃取

待上述反应液冷却后将其转移到 100 mL 分液漏斗中，加入 8 mL 乙醚(使乙醚层的高度为 0.5 cm 即可)，采用旋转式的摇动，使反应液与乙醚充分接触(此处应注意防止激烈振荡后产生的大量乙醚蒸气溅出或把分液漏斗盖子弹出而造成液体飞溅)，待静止后[1](如未形成三相，再滴加 0.5～1 mL 浓盐酸振摇萃取)，分出底层油状乙醚加合物到另一个分液漏斗中，再加入 1 mL 浓盐酸、4 mL 水及 2 mL 乙醚，剧烈振摇后静置[2](若油状物颜色偏黄，可重复萃取一两次)，分出澄清的最下层液体于蒸发皿中，加入少量蒸馏水(15～20 滴)，在 60 ℃ 水浴上蒸发浓缩，至溶液表面有晶体析出为止，冷却放置[3]，得到无色透明的 $H_4[SiW_{12}O_{40}] \cdot H_2O$ 晶体，抽滤吸干后，称量。

六、思考题

(1) 在 Keggin 结构中，O_a、O_b、O_c、O_d 各有多少个？哪一种氧原子与重原子的结合力最大？为什么？

(2) 用乙醚作萃取剂时，振荡后乙醚的蒸气压增大，易把分液漏斗的盖子弹出，甚至可能发生爆炸性的飞溅现象，实验过程中应如何避免发生这种事故？

【注释】

[1] 乙醚在高浓度的盐酸中生成离子$[(C_2H_5)_2OH]^+$，它能与 Keggin 类型的钨杂多酸阴离子缔合成盐，这种油状物相对密度较大，沉于底部形成第三相。加水降低酸度时，可使这种盐破坏而析出乙醚及相应的钨杂多酸。

[2] 此时油状物应澄清无色，如颜色偏黄，可继续萃取操作一两次。

[3] 钨硅酸溶液不要在日光下暴晒，也不要与金属器皿接触，以防止被还原。

(岳 凡)

实验 17　三(乙酰丙酮)合锰(Ⅲ)的合成及表征

一、实验目的

(1) 利用高氧化态金属化合物合成中间价态金属化合物,并采用磁化率测定手段了解中心金属离子的电子结构。

(2) 了解乙酰丙酮配合物的合成与表征方法。

二、预习要求

(1) 预习无机物制备中的基本操作,如加热、过滤等。

(2) 预习磁化率测定方法(见《理化测试(Ⅱ)》)。

三、实验原理

采用高氧化态的 Mn(Ⅶ)(高锰酸钾)与低氧化态的 Mn(Ⅱ)反应,生成中间价态的 Mn(Ⅲ)离子,并采用乙酰丙酮的配位作用稳定该金属离子。

合成三(乙酰丙酮)合锰(Ⅲ)的主要反应为

$$MnCl_2 + 2HC_5H_7O_2 + 2NaAc \Longrightarrow Mn(C_5H_7O_2)_2 + 2NaCl + 2HAc$$

$$4Mn(C_5H_7O_2)_2 + KMnO_4 + 7HC_5H_7O_2 + HAc \Longrightarrow 5Mn(C_5H_7O_2)_3 + KAc + 4H_2O$$

四、实验器材与试剂

器材:烧杯,玻璃棒,电子台秤,真空干燥器,循环水式多用真空泵,搅拌恒温电热套,MT-1 型永磁天平,软质样品玻璃管,吹风机。

试剂:氯化锰,乙酸钠,乙酰丙酮,高锰酸钾,苯,石油醚。

五、实验内容

1. 三(乙酰丙酮)合锰(Ⅲ)的合成

在 100 mL 水中加入 2.6 g 氯化锰和 6.8 g 乙酸钠,搅拌溶解后,加入 10 g 乙酰丙酮,在不断搅拌下,缓慢加入 0.52 g 高锰酸钾(先溶解在 25 mL 水中),再加入 6.8 g 乙酸钠(先溶解于 25 mL 水中),然后将溶液加热约 10 min,冷却至室温,即有黑色沉淀析出,过滤,用少量水洗涤沉淀,将产物放入真空干燥器中,干燥 24 h。

将上述干燥后的产物溶解在 10 mL 苯中,过滤后于滤液中加入 40 mL 石油醚,使产物再沉淀出来,过滤,将产品放入真空干燥器中干燥。计算产率,约为 76%。

实验流程图见图 2-3。

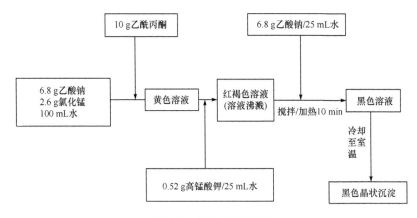

图 2-3　实验 17 流程图

2. 三(乙酰丙酮)合锰(Ⅲ)磁化率测定

见《理化测试(Ⅱ)》5.2 节、实验 32 和本书综合 7 步骤五。

由测定结果可见,三(乙酰丙酮)合锰(Ⅲ)配合物的中心离子的成单电子数为 4,由于锰离子为 +3 氧化态,其价电子层结构见图 2-4。

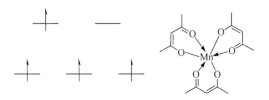

图 2-4　Mn^{3+} 的价电子层结构及三(乙酰丙酮)合锰(Ⅲ)配合物结构

该配合物在室温下是稳定的。中心离子采用 sp^3d^2 杂化轨道成键,与配体分子乙酰丙酮的 6 个氧原子配位成键,形成六配位高自旋的配合物(图 2-4)。

六、思考题

合成过程中为什么会产生各种颜色变化?试从轨道能级差的角度分析颜色变化的趋势。

（岳　凡）

实验 18　组氨酸合钴(Ⅱ)的氧合表征

一、实验目的

(1) 了解氧合配合物的表征,学习紫外-可见分光光度仪的使用。

（2）了解晶体场理论与配位键理论,掌握反应条件对化学平衡的影响。

二、预习要求

（1）了解血红蛋白的结构及在人体中输送氧气的原理。
（2）学习气瓶的安全使用及紫外-可见分光光度仪的使用。

三、实验原理

　　自然界的各种生物体内都存在着许多的天然氧载体,如血红蛋白、血蓝蛋白、肌红蛋白、血钒蛋白等。在一定条件下,这些天然氧载体可以吸收或放出氧气,以供生命活动的需要。但是,这些天然氧载体一般都有相对分子质量较大、分子结构较复杂、对环境要求较高等一系列缺点,增加了研究氧载体的难度。用来作为氧载体模型化合物的通常是一些金属配合物,金属离子通常有 Co(Ⅱ)、Fe(Ⅱ)、Cu(Ⅰ)等,而配体常为多胺、席夫碱、氨基酸、卟啉等。在文献报道中,大多数体系在室温条件下的氧合可逆性差,而组氨酸钴配合物在室温水溶液中具有很好的载氧可逆性。本实验采用紫外-可见分光光度法研究组氨酸在水溶液状态下与钴配位后的氧合过程(图 2-5)。

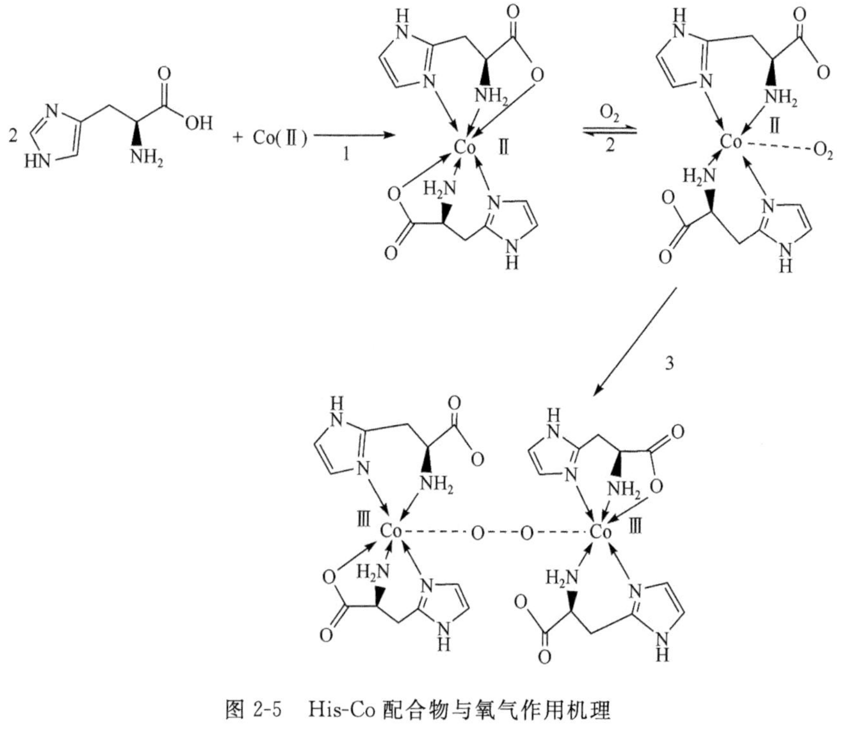

图 2-5　His-Co 配合物与氧气作用机理

四、实验器材与试剂

器材：UV-2450 型紫外-可见分光光度仪，PS19-2 型双通道蠕动泵，BS210S 型电子分析天平，烧杯。

试剂：L-组氨酸（0.2 mol·L^{-1}），Co(NO$_3$)$_2$（0.1 mol·L^{-1}），氧气，氮气。

五、实验内容

1. 配体 L 与 Co(Ⅱ)水溶液的吸收光谱测试

移取 15.0 mL 8.0×10^{-4} mol·L^{-1}的配体 L 水溶液于样品池，设定测试波长范围为 300~600 nm，进行光谱扫描。同上操作，移取 4.0×10^{-4} mol·L^{-1} Co(Ⅱ)溶液 15.0 mL 于样品池，测定其吸收光谱（图 2-6）。

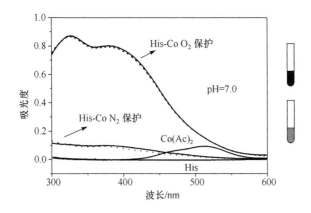

图 2-6　His-Co 的紫外-可见光谱图测试图

2. 配合物氧合-脱氧过程的吸收光谱测试

移取 15.0 mL 8.0×10^{-4} mol·L^{-3}的配体 L 水溶液于样品池，在氮气保护下加入 4.0×10^{-4} mol·L^{-3} Co(Ⅱ)溶液 15.0 mL[配体：Co(Ⅱ)=2：1]，用 NaOH 调节溶液 pH 为 7.0，通过蠕动泵不断将样品带入比色池中，通过紫外-可见分光光度法在 300~600 nm 波长范围内测定氮气气氛下的配合物吸收光谱，然后在氧气下测定氧合配合物吸收光谱。再依次向体系中交替通入氮气和氧气，分别测定配合物循环光谱。当向 L-Co(Ⅱ)溶液中通入氧气时，吸光度不断增大，直至不变为止；更换氮气，吸光度不断下降，直至不变为止。一个通氮气/氧气的光谱测定过程定义为一个载氧-放氧循环（图 2-7）。

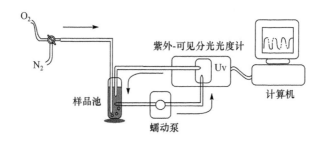

图 2-7　可逆载氧动态循环进样连接紫外装置图

六、思考题

(1) 本实验中,影响组氨酸钴配合物氧合-脱氧平衡的主要因素是什么?

(2) 查阅资料,说明影响人体中血红蛋白氧合-脱氧平衡的主要因素是什么?

(岳　凡)

实验 19　金属酞菁的合成

一、实验目的

(1) 了解酞菁类大环金属配合物的一般合成方法,了解金属模板反应在无机合成中的应用。

(2) 进一步熟练掌握无机合成中的常规实验操作和实验技能。

二、预习要求

(1) 了解酞菁及其金属配合物的性能特点及用途。

(2) 了解酞菁纯化的方法和步骤。

(3) 查阅资料,提出利用金属模板反应制备其他物质的实验方案。

三、实验原理

1. 酞菁及其金属配合物的性能特点

酞菁(H_2Pc)的分子结构见图 2-8(a)。酞菁为四氮大环配体,具有高度共轭 π 体系。它能与许多金属离子形成配合物(MPc),其分子结构式如图 2-8(b)。金属酞菁配合物及其衍生物具有一系列优良的物理化学性能,如光催化、光敏化和荧光特性等。因此,金属酞菁在光电转换、催化活化小分子、信息储存、生物模拟以及工业染料等方面有着非常重要的应用价值。

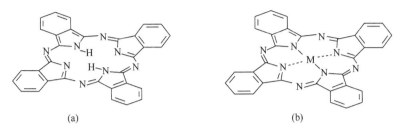

图 2-8　金属酞菁的分子结构图

2. 合成金属酞菁的方法

合成方法一般有两种,通常情况下以第一种方法为主。

方法一:通过金属模板反应合成,即通过简单配体单元与中心金属离子的配位作用结合形成金属大环配合物。

方法二:类似于配合物的经典合成方法,利用有机合成制得并分离出自由的大环配体,然后与金属离子配位得到金属大环配合物。

3. 金属酞菁配合物的合成及纯化

以氧化态为 2 的金属 M 为例,具体合成金属酞菁配合物的反应如下。

(1) 两种金属化合物的中心金属进行置换反应。

$$\text{MX} + \text{LiPc} \xrightarrow{\text{室温溶剂}} \text{MPc} + \text{LiX}$$

(2) 以邻苯二甲腈和金属盐为原料在 300 ℃左右反应。

$$\text{MX}_n + 4 \underset{\text{CN}}{\overset{\text{CN}}{\bigcirc}} \xrightarrow{300\ ℃} \text{MPc}$$

(3) 以邻苯二甲酸酐、尿素和金属盐或金属单质为原料,以钼酸铵为催化剂在 $200\sim300\ ℃$反应。

$$\text{MX}_n(\text{或 M}) + 4 \underset{\text{CO}}{\overset{\text{CO}}{\bigcirc}}\text{O} + \text{CO(NH}_2)_2 \xrightarrow[\text{钼酸铵}]{200\sim300\ ℃} \text{MPc} + \text{H}_2\text{O} + \text{CO}_2$$

(4) 以 2-氰基苯甲酸胺为原料,直接与金属单质加热反应。

$$\text{M} + 4 \underset{\text{CONH}_2}{\overset{\text{CN}}{\bigcirc}} \xrightarrow[\triangle]{250\ ℃} \text{MPc} + \text{H}_2\text{O}$$

4. 铜酞菁的合成及其红外谱图表征

本实验按反应(3)制备金属铜酞菁(CuPc)。原料为氯化亚铜、邻苯二甲酸酐和尿素,催化剂为钼酸铵。利用溶液或熔融法进行制备。

酞菁及其金属配合物的结构可通过红外谱图进行验证。图 2-9 是 B. B. Topuz(2013)和 G. Gündüz 等报道的铜酞菁的红外谱图。

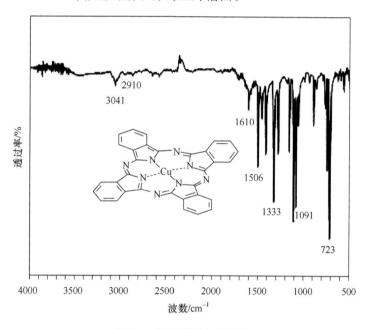

图 2-9　铜酞菁的红外谱图

四、实验器材与试剂

器材:天平,马弗炉,电炉,烧杯,量筒,研钵,坩埚,抽滤瓶,布氏漏斗,循环水泵,高速离心机,离心管,恒温水浴锅,超声波粉碎器。

试剂:CuCl(s),邻苯二甲酸酐,尿素,钼酸铵,无水碳酸钠,NH_4Cl(s),HCl(2%),$BaCl_2$(0.1 mol·L^{-1}),浓硫酸,丙酮,无水乙醇。

五、实验内容

1. 金属铜酞菁粗产品的制备

称取 1 g 邻苯二甲酸酐、2.5 g 尿素和 0.5 g 钼酸铵于研钵中[1],研细后加入 0.3 g 无水 CuCl,混匀后马上移入坩埚中,搅拌下加热至尿素完全溶解,再向体系中加入 0.1 g 无水碳酸钠[2]和 0.1 g 氯化铵[3],搅拌均匀后放入马弗炉中加热

(200 ℃左右)2 h[4]。得到的固体用 20 mL 2%盐酸浸泡 15 min,倾析法除去溶液。所得固体用热水洗涤 5～10 次,得粗产品。抽滤,称量。

2. 粗产品提纯

将粗产品倾入 10 倍质量的浓硫酸中(与粗产品质量相比),搅拌使其完全溶解,50～55 ℃水浴加热搅拌 1 h。冷却至室温后,将该溶液慢慢倾入 10 倍体积的蒸馏水中(与溶液体积相比),并不断搅拌,加热煮沸,静置过夜。抽滤(或离心分离),滤液收集于废液缸中,滤饼(或沉淀物)移入 200 mL 烧杯中,加入适量的蒸馏水煮沸 5～10 min,冷却后移入离心管离心分离,沉淀物用热蒸馏水洗,直至滤液中无 SO_4^{2-}(应重复操作七八次),并分别以无水乙醇、丙酮作洗涤剂,超声波粉碎洗涤,离心分离各 4 次,母液分别集中收集在废液缸中。产物在 60 ℃下真空干燥 2 h,得纯品。称量,计算产率(以邻苯二甲酸酐计)。对废液进行处理后回收或排放。

六、思考题

(1) 在合成产物过程中应注意哪些操作问题?

(2) 在用乙醇和丙酮处理合成的粗产物时主要能除掉哪些杂质? 产品提纯中你认为是否有更优的方法?

(3) 如何处理实验过程中产生的废液(酸、有机物)? 不经过处理的废液直接倒入水槽后将会造成什么危害?

(4) 分析铜酞菁的红外谱图。

【注释】

[1] 钼酸铵为催化剂;尿素为反应物,同时为溶剂。
[2] 加入碳酸钠增加碱性,可减少内配合物的生成。
[3] 加入氯化铵可以促进苯酐与尿素配位成环,提高产率。
[4] 最佳反应时间为 4～5 h。

(许文菊)

实验 20　二氯化一氯五氨合钴(Ⅲ)的制备

一、实验目的

(1) 掌握制备二氯化一氯五氨合钴(Ⅲ)的原理及操作方法。

(2) 了解制备这种配合物形成的条件,加深理解形成配合物对钴(Ⅲ)稳定性的影响。

(3) 了解钴(Ⅲ)化合物的性质。

二、预习要求

(1) 熟悉二氯化一氯五氨合钴(Ⅲ)的制备过程。

(2) 掌握在过滤、洗涤等实验步骤中需要注意哪些问题。

(3) 了解温度控制对实验结果的重要性。

三、实验原理

在水溶液中,$[Co(H_2O)_6]^{2+}$ 配离子能很快地和其他配位体进行取代反应生成 $Co(Ⅱ)$ 配合物,然后用空气或 H_2O_2 氧化成为相应的钴(Ⅲ)配合物。但在不同的反应条件下,钴可以与许多供电子基团形成各种配合物,在形成配合物的过程中,温度对产物的形成有很大的影响。$[Co(NH_3)_5Cl]^{2+}$ 是外轨型配合物,$[Co(NH_3)_5H_2O]^{3+}$ 属内轨型配合物,会把内轨向外轨转型,导致速度比较慢,会持续较长时间。

在本实验中,反应温度为 85 ℃,时间维持 20 min,以尽量提高反应速率,保证反应完全。不能加热至沸腾,因为温度不同,产物不同。具体反应步骤如下:

$$Co^{2+} + NH_4^+ + 4NH_3 + 1/2H_2O_2 \longrightarrow [Co(NH_3)_5H_2O]^{3+}$$

$$[Co(NH_3)_5H_2O]^{3+} + 3Cl^- \longrightarrow [Co(NH_3)_5Cl]Cl_2 + H_2O$$

借助同离子效应可以使产品析出,使平衡向右移动,进而提高产率。在实验中会用到浓盐酸,从反应方程式也不难理解使用这些强酸的原因。

四、实验器材与试剂

器材:磁力搅拌器,滴液漏斗,量筒(10 mL,100 mL),烧杯(250 mL),温度计,水浴锅,铁架台,电炉,烘箱。

试剂:浓氨水,$CoCl_2 \cdot 6H_2O$,$NH_4Cl(s)$,$HCl(浓)$,无水乙醇,30%H_2O_2,冰。

五、实验内容

(1) 在 100 mL 烧杯中将 2.1 g NH_4Cl 溶解于 13 mL 浓氨水中,同时用磁力搅拌器连续搅拌溶液,分数次加入 4.5 g $CoCl_2 \cdot 6H_2O$ 粉末。生成黄红色的 $[Co(NH_3)_6]Cl_2$ 沉淀,同时放热。继续搅拌使溶液变成棕色的稀浆。从滴液漏斗中缓慢加入 30%H_2O_2 3.5 mL。反应结束后生成一种深红色的 $[Co(NH_3)_5H_2O]Cl_3$ 溶液。当停止产生气泡时,慢慢加入 13 mL 浓 HCl(以上操作在通风橱内进行)。在加入浓盐酸的过程中,反应混合物的温度会上升,并有紫红色沉淀生成。

（2）不断搅拌，将混合物在约 85 ℃水浴上保持 20 min 后，反应基本完成。冷却到室温，过滤。

（3）洗涤。用总量为 10 mL 的冰水将沉淀洗涤数次，再用等体积冷的 4 mol·L^{-1} HCl 洗涤，最后用无水乙醇、丙酮洗涤。然后在室温下冷却混合物，抽滤得 $[Co(NH_3)_5Cl]Cl_2$ 沉淀。

（4）干燥。沉淀在 100 ℃烘箱中干燥数小时，得产物。

六、思考题

（1）在该实验中，对反应温度的控制比较严格，请从热力学和动力学的角度分别解释原因。

（2）本实验采用较常规的方法制备二氯化一氯五氨合钴（Ⅲ）配合物，可否采用同样的方法来制备其他钴（Ⅲ）配合物？请举例说明。

（3）要使二氯化一氯五氨合钴（Ⅲ）合成产率高，哪些实验步骤还需进一步改进？

（莫尊理　张　春　张　平）

实验 21　三氯三(四氢呋喃)合铬(Ⅲ)的合成

一、实验目的

（1）掌握无水过渡金属卤化物的制备方法和实验操作技术。

（2）通过非水体系中三氯三(四氢呋喃)合铬(Ⅲ)的合成，掌握有关非水溶剂反应操作的基本实验技术。

二、预习要求

（1）仔细阅读本书第 2 章和实验原理。

（2）提前做好四氢呋喃的除水处理。

三、实验原理

无水过渡金属卤化物 MX_n 具有强烈的吸水性，它们一遇到水（即使是潮湿的空气）就迅速反应而生成水合物。要保存这些无水卤化物是比较困难的，市售的过渡金属卤化物往往是它们的水合物，如三氯化铁、二氯化铜、二氯化锰等都是水合物，在习惯上常常将它们写成 $FeCl_3·6H_2O$、$CuCl_2·2H_2O$、$MnCl_2·4H_2O$ 等形式。

许多反应是在水溶液中进行的，所以市售的过渡金属卤化物可以直接使用。

然而有些合成反应只能用无水卤化物才能完成,也有许多研究工作必须在无水条件或非水体系中进行,因而掌握无水过渡金属卤化物的制备方法和实验操作技术是非常必要的。

制备无水过渡金属卤化物一般有两种方法,一是利用水合过渡金属卤化物与亲水性更强的物质(脱水剂)反应来制得。例如,水合三氯化铁与氯化亚砜反应,氯化亚砜与水合三氯化铁中的水分子迅速反应,生成 SO_2 和 HCl 气体而逸出

$$FeCl_3 \cdot 6H_2O + 6SOCl_2 \longrightarrow FeCl_3 + 6SO_2\uparrow + 12HCl\uparrow$$

可用的脱水剂还有氯化氢、氯化铵、二氯化硫等。

制备无水过渡金属卤化物的另一种方法是用不含水的过渡金属或它的氧化物与卤化剂反应。例如 $CrCl_3$ 可以用 Cr_2O_3 与 CCl_4 反应,在 600 ℃以上使 $CrCl_3$ 升华来制得。由于卤化物能与氧气发生氧化还原反应,所以这类制备方法必须在惰性气氛中进行。

本实验是用 Cr_2O_3 与 CCl_4 反应来制备无水三氯化铬,其反应为

$$Cr_2O_3 + 3CCl_4 \xrightarrow{660\ ℃} 2CrCl_3 + 3COCl_2$$

在反应过程中产生少量极毒的光气。因此,实验必须在良好的通风橱中进行。

水是无机化学中最常用的溶剂,许多化学反应都可在水溶剂中进行。但是,在含有强还原剂的反应中水要被还原而释放出氢;在高温或低温反应中,高温时水呈气态、低温时水呈固态,都会使反应不能正常进行;某些化合物在水中会被水解或与水发生反应,这些反应都不能在水溶剂中进行。在这些情况下,就必须在非水溶剂中进行化学反应。因此,掌握非水溶剂反应操作的实验技术是十分重要的。

三氯三(四氢呋喃)合铬(Ⅲ)配合物是在非水溶剂中合成的。无水三氯化铬($CrCl_3$)与四氢呋喃(THF)在有少量锌粉存在时发生下列反应:

$$CrCl_3 + 3THF \xrightarrow{Zn} CrCl_3(THF)_3$$

这里 Zn 的作用是把 $CrCl_3$ 中的 Cr^{3+} 还原成 Cr^{2+},而 Cr^{2+} 能起催化作用,使 $CrCl_3$ 溶于 THF 而得 $CrCl_3(THF)_3$ 配合物。在这个反应中,THF 既是反应介质,又是反应物。

制得的 $CrCl_3(THF)_3$ 配合物溶于四氢呋喃,若有水存在,则配合物与水反应,THF 迅速地被水取代。所以整个反应必须在严格的无水条件下操作,同时所用的四氢呋喃溶剂必须经过除水处理。

四、实验器材与试剂

器材:管式炉,氮气钢瓶,量筒(100 mL,10 mL),反应器Ⅰ(图 2-10),反应器Ⅱ

（图 2-11），锥形瓶（500 mL），砂芯漏斗。

试剂：四氢呋喃（A. R.），氢氧化钾（A. R.），三氧化二铬（A. R.），锌粉，金属钠，四氯化碳（C. P.）。

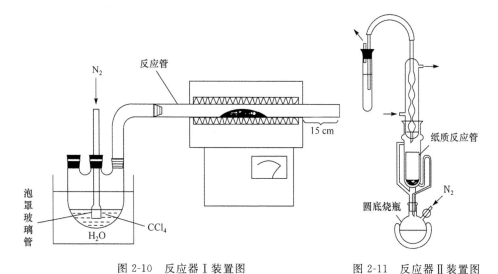

图 2-10　反应器 I 装置图　　　　　　图 2-11　反应器 II 装置图

五、实验内容

1. 无水 $CrCl_3$ 的制备

在通风橱内按图 2-10 装置仪器，称取 1.5 g Cr_2O_3 放在石英反应管的中央摊平，在管式炉两端的石英管外用石棉绳绕好，使管与炉之间密闭，在圆底烧瓶中注入适量的 CCl_4（要淹没通氮气管的出气孔），将控温仪的温度指针调至 800 ℃，同时打开氮气钢瓶，使氮气慢慢通过 CCl_4（气泡应该一个一个地出现，氮气气流流速太大会吹走 Cr_2O_3）。打开加热电源，当反应管内温度升至约 600 ℃ 时，用 50～60 ℃ 的热水浴加热 CCl_4，反应管内温度升至 600 ℃ 以上时，反应进行约 2 h 以后，在反应管中央几乎无绿色的 Cr_2O_3 固体存在，表示反应已经结束。这时移去热水浴，切断电源，打开管式炉冷却，当炉温冷至近室温时，关闭氮气瓶的阀门。取出 $CrCl_3$，观察它的颜色、外观，称量并计算其产率。

2. 四氢呋喃的除水处理

取约 150 mL 四氢呋喃于 250 mL 圆底烧瓶中，分批加入少量固体氢氧化钾，浸泡一天，总加入量应视溶剂的含水量而定。然后加入金属钠片浸泡 4 h。经过滤后再蒸馏，收集沸点为 66 ℃ 的馏出液约 100 mL，停止蒸馏，馏出液密封后待用。

3. CrCl₃(THF)₃ 的合成

把已干燥的玻璃仪器按图 2-11 装好。将 $1.0\ g$ 研碎的无水三氯化铬和 $0.1\ g$ 锌粉放入纸质反应管内,在 $250\ mL$ 圆底烧瓶内加入 $100\ mL$ 经除水处理过的四氢呋喃,通氮气 $5\ min$ 后,关闭氮气钢瓶和通气活塞,通入冷却水,然后加热四氢呋喃至沸腾(沸点为 $66\ ℃$),回流 $2.5\ h$ 后移去加热器,再立即通入氮气(防止汞滴入反应混合物中)。当圆底烧瓶冷却到近室温时,移去圆底烧瓶,并把烧瓶口塞紧,关闭氮气源和通气活塞。水泵抽馏,使反应混合物体积约为 $10\ mL$,圆底烧瓶可放在温水浴上,以加速 THF 的蒸发(图 2-12)。

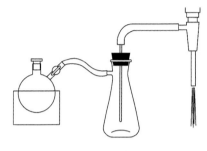

图 2-12　蒸发装置图

抽馏后的混合物在砂芯漏斗中迅速抽气过滤,所得产物 CrCl₃(THF)₃ 迅速放入样品管,真空抽气 $1\ h$,称量,计算产率,并测样品在氯仿溶剂中的红外光谱,与标准谱图对照。

六、思考题

(1) CrCl₃(THF)₃ 是顺磁性的还是反磁性的? 并加以解释。

(2) 试说明影响产率的因素。如何进一步提高产品的产率?

（张　春　莫尊理　张　平）

第3章　无机高分子合成

无机矿物尤其是非金属矿物在地壳中蕴藏量极其丰富,无机材料又以其无毒、耐高温、耐老化、高强度、多功能著称,因此,在材料应用的诸多领域正逐步发生非无机材料取代有机材料、非金属材料替代金属材料的趋势,尽管这种取代还不十分完全。无机材料中的无机高分子材料因其性能独特而日益引起重视。

本章实验重点学习无机高分子材料的软化学合成方法,该方法温和、易控、节能和绿色环保。通过本章的学习了解硅酸盐无机高分子、磷酸盐无机高分子等的合成。

3.1　无机高分子简介

利用不同材料物理性质和加工性质方面的互补性而混合得到具有新的性能的材料一直是人们开发新材料的经典思路。长期实践证明,简单地物理混合能够获得的新性能并不多,而且往往因为材料之间的相容性欠佳,许多设想并不能实现。一个最简单的设想就是,如果使金属或陶瓷的原子通过化学键形成与有机高分子碳链一样的长链分子,将可能会具有有机高分子的柔韧性和加工性,同时主链会继承某些金属和陶瓷的性质。由此产生的一类新材料就是无机高分子。

1. 无机高分子的定义

所谓无机高分子,就是一类主链中的原子是除碳以外的其他元素的化合物,其相对分子质量较高。无机高分子也称无机聚合物。众所周知,碳是有机物中最主要的元素,虽然有时也有少量的氧、氮、硫原子,但碳构成了有机高分子的主链,分子中最丰富的化学键是 C—C。实际上,许多天然无机物本身就是聚合物,如金刚石、二氧化硅、玻璃、陶瓷和氮化硼。传统的无机化学中制备的某些化合物也属于无机高分子,其中含量最丰富的化学键是 M—M。

2. 无机高分子的分类

根据构成主链的原子、化学键不同可以把无机高分子划分成 4 大类。

1) 均链聚合物

主链由同种元素组成的聚合物称为均链聚合物,通式为 $\pm M\pm_n$。

从理论上讲,原子之间形成的化学键的键能越高,则该化合物的稳定性越强。由此,由理论计算所得的键能(表 3-1)判断,有 40~50 种元素可成为高分子的主链原子。从表 3-1 的左列中可以看出,C—C 键的键能最高,这就是自然界有大量有机高分子存在的原因。除碳元素之外,目前报道有 Si、P、B 等无机元素的无机均链高分子,甚至有三维网络固态聚合物 Si、Ge、Sn、P、As、Pb、S、Te 的聚合分子等。不过因为它们的键能都低于 C—C 键,所以表现出稳定性差、易分解的缺点,也难以制备出较高聚合度的产物,因此均链无机聚合物缺乏应用价值。

表 3-1　原子之间键能(计算值)

化学键	均链键能/$(kJ \cdot mol^{-1})$	化学键	杂链键能/$(kJ \cdot mol^{-1})$
C—C	334.7	B—O	499.2
S—S	263.6	B—N	436.4
P—P	221.8	Si—O	373.6
Se—Se	209.2	B—C	372.4
Te—Te	205.0	P—O	341.8
Si—Si	188.3	C—O	330.5
Sb—Sb	175.7	C—N	276.1
Ge—Ge	164.0	As—O	267.8
As—As	163.2	Al—C	257.7
N—N	154.8	C—S	257.3
O—O	142.3	Si—S	254.8
		C—Si	241.0

2)杂链聚合物

顾名思义,构成杂链聚合物化学键的是不同的原子,通式为 $\left(M_1 - M_2 \right)_{\overline{n}}$。

由表 3-1 右列可知,非同种原子间的键能有许多都能够与 C—C 键媲美,因而能够形成稳定的产物。实践证明,键能主要反映的是聚合物受热后的稳定性。

电负性有助于判断两元素成键稳定性,生成均链或杂链聚合物都一样。若两元素的电负性之和为 5~6,则能够生成聚合物。

3)无机聚合物的有机衍生物

单纯的均链或杂链无机聚合物常常不能满足使用的需要,因为耐水解性、耐氧化性等性质也是聚合物是否稳定、是否具有应用价值的考量因素。因此,向分子中引入有机基团,借以提高其耐水性就是一个重要的手段。具有较高键能的杂链聚合物与有机基团形成的元素有机杂链聚合物,既高度耐热又耐水,是很有应用价值的材料,有机硅聚合物就属此类。

4) 配位聚合物

配位聚合物即大环配合物、金属有机化合物、功能配合物等。配位聚合物是在结构单元中通过有机或无机配体与金属离子配位的聚合物。例如固态 $PdCl_2$

$$
\begin{array}{ccccc}
 & Cl & & Cl & \\
 & \diagup\!\!\downarrow & & \diagdown\!\!\downarrow & \\
Pd & & Pd & & Pd \\
 \downarrow\!\!\diagdown & & \diagdown\!\!\uparrow & & \uparrow\!\!\diagup \\
Cl & & Cl & & Cl
\end{array}
$$

3.2　无机高分子合成方法

3.2.1　极端条件合成

在现代合成中越来越广泛地应用极端条件下的合成方法与技术来实现通常条件下无法进行的合成,并在这些极端条件下开拓多种多样的一般条件下无法得到的新化合物、新物相与物态。例如在模拟宇宙空间的高真空、无重力的情况下,可能合成出无错位的高纯度化合物。在超高压下许多物质的禁带宽度及内外层轨道的距离均发生变化,从而使元素的稳定价态与通常条件下有很大差别。例如 GaN 及金刚石等超硬材料的高压合成、超临界流体反应、超声合成及微波合成等。

超临界流体反应之一的超临界水热合成是无机合成化学的一个重要分支。由于水热和溶剂热合成化学在材料领域的广泛应用,世界各国都越来越重视这一领域的研究。水热和溶剂热合成是指在一定温度(100～1000 ℃)和压力(10^6～10^8 Pa)条件下,利用溶液中物质化学反应所进行的合成。水热合成与固相合成研究的差别在于"反应性"不同。这种反应性不同主要体现在反应机理上,固相反应的机理主要为界面扩散,而水热反应主要为液相反应。显然不同的反应机理可能导致不同结构的生成,如液相条件下平衡缺陷的生成等。更重要的是,通过水热和溶剂热反应可以制得固相反应无法制得的物相或物种。在高温高压条件下,水或其他溶剂处于临界或超临界状态,反应活性提高。例如纳米粒子、溶胶与凝胶、非晶态、无机膜、单晶等的合成。

3.2.2　软化学合成

与极端条件下的合成化学相对应的是在温和条件下功能无机材料的合成化学,即温和条件下的合成或软化学合成。无机材料的性质和功能与其最初的合成或制备过程密切相关,不同的合成方法和合成路线通过对材料的组成、结构、价态、凝聚态、缺陷等的控制来控制材料的性质和功能。无机材料结构与性质所携带的这种合成基因可以通过合成过程中的化学操作来调变。尽管苛刻或极端条件下的合成可以导致具有特定结构与性能材料的生成,但由于其苛刻的条件具有对实验设备的依赖性、技术上的不易控制性以及化学上的不易操作性特点,从而减弱了材料合成的定向程度。而温和条件下的合成化学——"软化学合成",具有对实验设备要求简单、化学上的易控性和可操作性特点,因而在无机材料合成化学的研究领域中有着重要作用。

软化学合成即在温和条件下晶化出具有特定价态、特殊构型、平衡缺陷的晶体,以代替及弥补目前大量无机功能材料的高温固相反应(>1000 ℃)合成路线的不足。因为溶剂、温度和压力对离子反应平衡的总效果可以稳定产物,同时抑制杂质的生成,如水热或溶剂热合成以单一步骤制备无水陶瓷粉末,而不要求精密复杂的装置和贵重的试剂。与高温固态反应相比,水热合成氧化物粉末陶瓷具有以下优势:①明显降低反应温度($100\sim200$ ℃)和压力;②能够以单一反应步骤完成(不需研磨和焙烧步骤);③很好地控制产物的理想配比及组织形态;④制备纯相陶瓷(氧化物)材料;⑤可以大批量生产。

目前,温和水热合成技术应用变化繁多的合成方法和技巧已获得几乎所有重要的光、电、磁功能复合氧化物和氟化物。水热合成的产物如双掺杂二氧化铈固体电解质,巨磁阻材料 $M_xLa_{1-x}MnO_3(M=Ca,Sr,Ba)$ 以及 $Na(K)_2Pb_2Bi$ 系超导材料。复合氟化物以往的合成采用氟化或惰性气氛保护的高温固相合成技术,该技术对反应条件要求苛刻,反应不易控制。而水热合成反应不但是一条反应温和、易控、节能和污染少的新合成路线,而且具有价态稳定化作用与非氧嵌入特征等特点。

3.2.3　组合化学合成

组合化学最早称为同步多重合成,用于合成肽组合库,也称组合合成、组合库和自动合成法。组合方法与传统合成方法存在显著差异,传统的合成方法一次只得到一批产物,而组合方法同时用 n 个单元与另外一组 n' 个单元反应,得到所有组合的混合物,即 $n+n'$ 个构建单元产生 $n\times n'$ 批产物。组合化学是一门集合成化学、组合数学和计算机辅助设计等多学科交叉形成的边缘学科。因此,组合化学可定义为利用组合论的思想和理论,将构建单元通过有机/无机合成或化学修饰,产生分子多样性的群体(库),并进行优化选择的科学。图 3-1 表示在新材料开发研究中应用组合化学的基本思想和主要过程。

目前组合化学在以下领域取得了较大进展:

(1) 固体材料领域,包括超导材料、巨磁阻材料、介电及铁电材料、发光材料、分子筛、有机固体及高聚物。

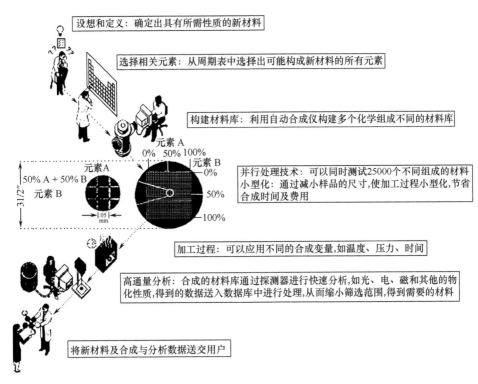

元素 A
0%　50%　100%
元素 B
0%
50%
100%

元素A
50% A + 50% B
元素 B
31/2"
.05 mm

图 3-1　新材料开发研究中组合化学的基本思想和主要程序

（2）有机及金属有机化合物，包括模拟生物活性酶和肽的金属配合物、非对称催化合成、石蜡聚合催化的组合化学。

（3）无机催化剂，包括电致氧化催化合金化合物的组合化学合成，作为均相催化剂的无机多核阴离子族组合库的建立等。

组合化学作为合成化学的一个新分支，呈现出巨大的发展潜力。它的最大优点是合成的微型化、集成化和自动化，可以迅速对大量样品进行筛选。发展新的分析手段也是十分必要的，传统的一对一的分析模式已经成为组合化。组合化学与计算机科学相结合，特别是与数据库技术相结合，是组合化学发展的未来方向。我们知道，在材料的开发过程中，假设投入的初始变量为 $A_i(i=1-n)$（包括原料组成、结构基元及其他变化因素），经过一个转变 K（合成条件）以后得到结果 $B_j(j=1-m)$（可以是结构、性质等），它们之间的关系以数学式表达为 $A_i×K=B_j$，其中 A_i 和 B_j 为已知和可测量结果，因而 K 的确定对于材料的定向合成至关重要。从组合库中得到大量的数据，利用数据库技术进行系统分析，得到相关的 K，这不但可以预测新化合物的出现方向，而且可以完善人们对材料组成、结构和性能三者之间关系的认识，为定向合成奠定基础。

3.2.4　计算机辅助合成

计算机辅助合成是在对反应机理了解的基础上进行的理论模拟过程。因此，国际上大多选择较为复杂且具有一定基础的合成体系为对象开展研究。一般为建立与完善合成反应与结构的原始数据库，再在系统研究其合成反应与机理的基础上，应用神经网络系统并结合基因算法、退火、Monte Carlo 优化计算等建立有关的合成反应数学模型与能量分布模型，并进一步建立定向合成的专家决策系统。依据合成反应数据库和结构模拟数据库，总结微观参数与宏观性质的关联，进行无机功能材料的设计与性能预测，是合成化学家的不懈追求。

由于工业上的需求，国际上对各种重要合成体系的计算机模拟工作开展较早，对计算机辅助设计合成的工作则是近年开展起来的。英国学者曾应用密度函数理论和分子力学与动力学方法，计算机模拟水热合成中成核、晶体生长与模板作用问题。该计算机模拟工作为发展水热合成原子模型提供了基础。

我国学者在计算机辅助下的层孔磷酸铝分子设计方面取得了重要成果。在建立晶体结构与合成反应数据库的基础上，以具有特定结构的磷酸铝为研究对象，开拓分子设计与定向合成路线。提出二维网状中具有 $Al_3P_4O_{16}^{3-}$ 计量比磷酸铝的结构设计与构筑的计算方法，在程序中运用了分而治之算法和遗传算法，总结出结构构筑的特点及规律，设计并合成出一系列以 $AlP_2O_8^{3-}$、$Al_3P_4O_{16}^{3-}$、$Al_2P_3O_{12}^{3-}$、$Al_4P_5O_{20}^{3-}$ 和 $Al_5P_6O_{24}^{3-}$ 等为结构单元的一维链状、二维层状和三维骨架结构，进而总结有机胺模板分子在结构中与主体骨架的氢键作用规律，用分子动力学的方法阐明有机胺的结构导向作用。其中具有 $Al_3P_4O_{16}^{3-}$ 计量比的二维磷酸铝层孔结构的设计与合成研究的规律对在溶剂热体中开展分子片建设很有启迪。这些结构包括各种多元环组成的网结构，如四元环和六元环组成的网结构(4.6-net)，以及其他 4.6.8-net、4.6.8.12-net 和 4.8-net 等网结构。这些网结构按不同的堆积方式如 ABAB、ABCABC 等产生各种复杂的结构。例如，具有 4.6-net 的 $[Al_3P_4O_{16}][C_5N_2H_9]_2[NH_4]$化合物，具有 4.6.8-net 的 $[Al_3P_4O_{16}][C_6H_{21}N_4]$ 化合物及具 4.6.8-net 的 $[Al_3P_4O_{16}][CH_3NH_3]$ 化合物。合成出的一维链、二维层及三维微孔磷酸铝晶体，具有 Al/P 为 1/2、2/3、3/4、4/5 和 5/6 等 Al/P 小于 1 的 $Al_nP_{n+1}O_{4(n+1)}^{3-}$ 化合物。

作为计算机辅助合成研究基础的合成与晶化机理的研究继续深入进行，其特点是进一步借助现代表征手段(如 NMR 和高分辨电子显微镜技术等)的同时，依据现有的实验事实提出假说。例如非平衡体系最小化学个体晶化假说提出，在非平衡态溶液中(含水、非水介质及熔体)，具有适当浓度和化学活性的单原子离子或单聚态化学个体容易形成晶核与生长。这对于理解溶液晶化现象、合成方法与合成路线的实质性设计、晶体生长具有实际的指导意义。假说的提出依据下列化学现象与理论分析:①金属晶体的密堆积晶化现象分析;②离子晶体如氯化钠等的溶液结晶现象分析;③溶液中由前驱体法或氧化还原法制纳米晶体的结晶现象分析;④非水介质中低硅聚合态体系如羟基方钠石的结晶现象分析;⑤溶液矿化剂作用与现象分析;⑥熔体与熔体助熔剂作用与现象分析;⑦沸石分子筛合成体系晶化现象分析;⑧非平衡态溶液中的自组织现象、耗散结构及非平衡态热力学理论分析。上述假说有待进一步的实验验证。

3.2.5　理想合成

　　理想合成是指从易得的起始物开始,经过一步简单、安全、环境友好、反应快速、100%产率的反应获得目标产物。理想合成不易实现,因此对合成化学家提出了挑战,激发了合成化学家的巨大创造力。趋近理想合成策略之一是开发一步合成反应。例如富勒烯及相关高级结构的合成,从易得的石墨出发,只需一步反应即得到目标产物,产率达 44%。产物富勒烯和碳纳米管以其新颖的结构、方便的合成及潜在应用开拓了新的研究领域。"毕其功于一役"的思想还体现在高分子聚合物的合成、自组装体系的构筑上。趋近理想合成策略之二为单元操作。相对复杂的分子,如药物、天然产物的合成,需要多步反应完成。在自然界里,生物采取多级合成的策略,在众多酶的作用下,用前一步催化反应的产物作为后续反应的起始物,直至目的产物的生成。这个策略的成功依赖于反应物、产物、催化剂的相容性。这种相容性已在实验室中模拟进行单元操作,在一个单元操作中经由多个步骤合成目标产物,如 B_2 香树素就是利用了阳离子多级联和反应单元操作合成的。

3.3　无机高分子合成及应用

3.3.1　硅酸盐无机高分子

　　硅酸盐无机高分子基本结构为—O—Si—O—单元,由于以廉价的二氧化硅和氢氧化钠为起始原料,故价格低,并且具有无毒、耐火、耐污、不老化等优点,适合作为内外墙建筑涂料。有两种原料作为成膜物质,一种是水玻璃,另一种是硅胶。

　　水玻璃型无机高分子涂料的成膜物质是碱金属硅酸盐,通常为硅酸钾、硅酸钠或其混合物,通式为 $M_2O \cdot nSiO_2 \cdot xH_2O$,其中 n 为膜数,一般为 2~3,膜数越高,黏度越大,耐水性越好,体系中存在如下平衡:

$$2SiO_3^{2-} + 6H_2O \Longrightarrow 2Si(OH)_4 + 4OH^-$$

$$Si(OH)_4 + 2OH^- \Longrightarrow Si(OH)_6^{2-}$$

$$2Si(OH)_6^{2-} \Longrightarrow -Si-O-Si- + H_2O + 4OH^-$$

在干燥过程中,通过硅醇之间缩合成为—Si—O—S—无机高分子而固化成膜。这种聚合长链遇水时易水解,故涂膜耐水性欠佳。加入固化剂可以提高耐水性,常用的固化剂有金属氧化物、硅氧化物、磷酸盐、硼酸盐或其混合物。通过水玻璃的改性,如用氟盐或硅氧烷预先改性制成基料可提高耐水性,添加热塑性有机高分子树脂的水乳液作为辅助成膜物,使有机树脂填充在—Si—O—Si—网状间隙中,起到屏蔽线存羟基、提高耐水性并增加塑性的作用。硅酸盐建筑涂料配方如:钾水玻璃 100 份,辅助成膜助剂 20 份,填料 100 份,颜料 20~25 份,分散剂 0.3~0.6 份,塑剂 2~6 份,表面活性剂 0.3~0.5 份,固化剂 10 份。

硅溶胶涂料所用的助剂与水玻璃涂料相似,由于没有碱金属离子的干扰,故耐水性较好,但硅溶胶成本高,因而影响推广应用。

硅酸盐无机黏结剂通过加入上述固化剂且加热而固化,获得较高的黏结强度,可黏结金属、陶瓷和玻璃,尤其适用于需耐高温的金属工件的黏结。但此类黏结剂也是耐水性差。湖南省机械研究所的研究者通过在固化剂内添加磷硅酸或其他盐类,同时在基料中引进相应的阴离子,显著提高了黏结剂耐水性。

3.3.2　磷酸盐无机高分子

无机高分子黏结剂和硅酸盐黏结剂相比,具有黏性大、黏结力强、收缩率小、耐水性较好及固化温度低等优点。

用于制备磷酸盐高分子的原料是酸性磷酸盐,即磷酸二氢盐、磷酸倍半氢盐、磷酸氢盐或其混合物,通式为 $aM_mO_n \cdot P_2O_5 \cdot bH_2O$。这些原料多数采用磷酸盐和金属氧化物或氢氧化物在水溶液中反应制备。金属原子和磷原子之比 M/P 值越小,磷酸水溶液的稳定性越高,但固化性能和耐水性均下降。

酸性磷酸盐水溶液的固化剂可以是金属氧化物、氢氧化物、硅酸盐、硼酸或其他金属盐类,如 $AlCl_3$、$ZnSO_4$ 等。以金属氧化物固化剂为例,在烘烤过程中,金属氧化物与酸性磷酸盐发生下列反应。

3.3.3　聚铁盐和聚铝盐

聚铁盐和聚铝盐主要作为絮凝剂。

聚铁盐可以看作硫酸铁中的一部分 SO_4^{2-} 被 OH^- 所取代而形成的碱式硫酸铁嵌入硫酸铁的网络结构中,从而形成无机聚合物,用 $[Fe_2(OH)_n(SO_4)_{3-n/2}]_m$ 表示其通式,式中 $n < 2$,$m > 10$。聚铁盐溶液中存在着 $[Fe(H_2O)_6]^{3+}$、$[Fe_2(OH)_3]^{3+}$、$[Fe_3(OH)_2]^{3+}$ 等配离子,以 OH^- 作为架桥形成多核络离子,相对分子质量高达 1×10^5,是一种红褐色黏稠液体,对污水杂质有强混凝作用,这是由于在水解过程中产生的多核络合物强烈吸附胶体微粒,通过黏结、架桥、交联作用,从而促使微粒凝聚,同时还中和胶体微粒及悬浮在表面的电荷,降低胶团的电位,使之相互吸引而形成絮状混凝沉淀,而且沉淀本身表面积大、物理吸附作用显著。

聚铝盐主要有聚硫酸铝(PAS)$[Al_2(OH)_2(SO_4)_{3n/2}]_m$ 和聚氯化铝(PAC)$[Al_2(OH)_2Cl_{6-n}]_m(SO_4)_x$,是一类目前公认的高效无机高分子絮凝剂,大量用于生活、工业及污水处理,但原料比聚铁盐紧缺,成本高,并且存在对原水质 pH 适应范围窄的缺点。

3.3.4　硅氧聚合物的有机衍生物

硅氧聚合物的有机衍生物即有机硅聚合物。基本结构单元是

$$\left[\begin{array}{c} R \\ | \\ -Si-O- \\ | \\ R \end{array} \right]$$

即主链为由硅原子和氧原子交替组成的稳定骨架,R 可以是甲基、苯基、乙烯基等。这种半无机、半有机的结构赋予这类材料许多优良特性,主要表现为无毒、耐高低温、化学性质稳定,具有柔韧性,还有良好的电绝缘性,并且易加工等。

由于组成与相对分子质量大小的不同,有机硅聚合物可以是线型低聚物即液态硅油及半固体的硅脂,也可以是线型高聚物弹性体即硅橡胶,还可以是具有反应性基团 SiOH 的含支链的低聚物,即树脂状流体——硅树脂,缩合固化后转变为体型高聚物。硅树脂可用作涂料、高温黏结剂,或加入填料生产模塑制品。有机硅油分子间距大,作用力小,比起碳氢化合物有较低的表面张力和低表面能,所以成膜能力强,如乙基硅油广泛作为纺织、印染机械润滑油的添加剂。当 R 为甲基或苯基时,可用过氧化物进行硫化,如果 R 含有乙烯基,则可用硫进行硫化。硅橡胶具有优良的低温和高温性能($-115 \sim +300$ ℃)、优良的耐老化性能,是优良的绝缘材料和耐温密封材料。由于氧在硅橡胶中的渗透性大,故硅橡胶成为已知高分子材料中渗透性最好的透氧材料,在工业炉的富氧化燃烧和医疗上富氧化系统中得以应用。

然而,有机硅氧烷毕竟含有有机基团,长期受热后,分子中的有机基团大部分会遭受破坏,失去柔韧性。近年来,科学家试图通过改变侧基团或在主链中引进金属原子的方法使其改性,已经取得了一定进展。

【思考题】

3-1　计算机辅助合成对无机合成过程有哪些帮助?

3-2　举例说明极端条件合成条件的控制有哪些方面。

(莫尊理　张　春　张　平)

实验 22　CuO-磷酸盐无机黏结剂的制备

一、实验目的

(1) 掌握 CuO-磷酸盐无机黏结剂的制备方法。

(2) 了解添加剂的不同比例对黏结剂的性质和使用要求的影响。

二、预习要求

(1) 熟悉无机黏结剂的分类。

(2) 了解无机黏结剂的黏结原理。

(3) 准备黏结件。

三、实验原理

CuO-磷酸盐黏结剂是开发最早、应用最广的无机黏结剂之一。据考证,秦俑坑中出土的秦代大型彩绘铜车马,其制造过程中就已用了磷酸盐无机黏结剂。现代的 CuO-磷酸盐黏结剂的研制从牙科水泥开始,主要用于陶瓷的黏结。以后经过全国各地研究,扩大应用于钢铁、铜、铝等硬质、表面粗糙物质的黏结,逐步形成具有我国特色的 CuO-磷酸盐无机黏结剂。它在耐高温材料的黏结方面具有优异的性能,以 X 射线粉末衍射等物相分析结果为主要依据,认为纯磷酸调制的黏结剂主要由氧化铜和针状磷酸氢铜小结晶组成,而采用浓缩磷酸则尚有磷酸铜和焦磷酸铜等小结晶。其间主要是由离子键力和氢键力相互组成连续分布的物相,具有一定硬度和固结能力。其具体描述为以下体系:

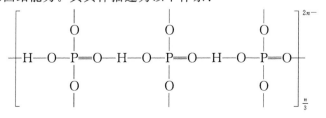

目前,我国广泛采用的无机黏结剂是磷酸盐型(常用的还有硅酸盐型和硼酸盐型两大类),它的主要成分是 H_3PO_4、$AlPO_4$、$Cu_3(PO_4)_2$ 等无机物,其特点是黏结力强,剪切力可达 900 kg·cm^{-2},抗水性、抗老化性能好,因而广泛地用于机械行业的黏结。

四、实验器材与试剂

器材:烧杯,量筒,电炉,干燥器,冰块,竹筷,黏结件,试剂纸。

试剂:CuO (200 目),Al(OH)$_3$(工业级),H_3PO_4(密度 1.78 g·cm^{-1}),HCl(2.5%)。

五、实验内容

1. $H_3PO_4 + Al(OH)_3$ 溶液的制备

将密度为 1.78 g·cm^{-1} 的 H_3PO_4 溶液 50 mL 倒入 250 mL 烧杯中,加入 2.5 g Al(OH)$_3$ 加热溶解,待完全溶解后,将溶液加热至 240~260 ℃,然后冷却(此时溶液的密度为 1.85~1.9 g·cm^{-1}),最后装瓶并放入干燥器内。

2. 准备黏结剂及黏结件

黏结剂为 CuO 粉末(由 200 目筛子过筛)、$H_3PO_4 + Al(OH)_3$ 溶液。

黏结件表面光洁度要求低于 3(不能太光滑),若达不到此粗糙度,可由人工加工、清洗构件(清洗,除油,除锈)。

3. 黏结剂调制

将 CuO 粉末倒于光滑平板上(夏天用铜片,必要时在铜片下放冰块,以防温度过高,凝聚太快;冬天用玻璃板),往板上滴加 $H_3PO_4 + Al(OH)_3$ 溶液,其用量为每 3~4 g CuO 滴加 $H_3PO_4 + Al(OH)_3$ 溶液 10 mL,用竹筷调匀,1~2 min 后就可进行黏结。

4. 黏结

将调好的黏结剂均匀涂在构件表面上,然后迅速挤压,进行黏结。套结件可互相缓慢旋转进行黏结。

5. 干燥硬化

黏结结束后,将黏结件放置,使其干燥并硬化。在室温条件下,黏结件放置

4～6 h 就可使用。若将黏结件预先加热至 90 ℃左右再进行黏结,仅需几分钟即可使用。

六、思考题

(1) CuO 粉末在这种黏结剂中起什么作用?

(2) 请在你所学的专业中举出无机黏结剂的一些使用实例。

(莫尊理　张　春　张　平)

实验 23　1D 及 3D Cd/Fe 双金属配位聚合物的合成

一、实验目的

(1) 了解配位聚合物的概念,初步学习晶体培养与单晶的挑选。

(2) 学习配位聚合物的结构分析,了解单晶结构解析与粉晶 XRD 表征的应用。

(3) 通过讨论影响配合物结构的因素,进一步掌握热力学及动力学因素对晶体生长的影响。

二、预习要求

(1) 了解配位聚合物中一维、二维、三维结构的概念。

(2) 了解 X 射线粉末衍射仪(XRD)的测定原理。

三、实验原理

4-氨基-1,2,4-三唑类有机物具有丰富的配位点,而且其自身可以起到桥联的作用,构筑出多核或多维的结构,已经有多个研究小组使用这类配体合成出了结构丰富或同时具有某种功能的配合物。影响配合物结构的因素有多种,例如桥联配体的不同、合成条件的不同、无机阴离子的存在、金属离子的配位几何等。由于不同的金属离子可能具有不同的配位几何,进而能够影响配合物的结构,因此近年来除了合成特定的有机配体,将其用于合成一系列不同金属的配合物外,异金属配合物的合成及性能研究也受到了关注。本实验合成了 4-氨基-1,2,4-三唑,将其与混合金属离子反应,通过对反应时间及混合金属离子不同的配位模式进行调控,从相同的反应物出发,合成了形貌及结构不同的配位聚合物,进而可探讨晶体生长中的热力学因素及动力学因素影响。

四、实验器材与试剂

器材：X射线粉末衍射仪，烧杯，三颈烧瓶，搅拌恒温电热套，回流装置，电子台秤，显微镜。

试剂：$Cd(NO_3)_2 \cdot 4H_2O$，$FeSO_4 \cdot 7H_2O$，NH_4SCN，4-氨基-1,2,4-三唑，去离子水，甲醇。

五、实验内容

1. $[Cd(atrz)_2(SCN)_2]_n$（1D）合成

将 $Cd(NO_3)_2 \cdot 4H_2O$（0.08 g，0.25 mmol）、$FeSO_4 \cdot 7H_2O$（0.07 g，0.25 mmol）溶解于 5 mL 去离子水中，加入 5 mL NH_4SCN（0.1 g，1.3 mmol）水溶液，再加入 5 mL 4-氨基-1,2,4-三唑（0.042 g，0.5 mmol）甲醇溶液，混合后搅拌均匀（无需回流），过滤并将滤液在室温条件下静置，2 d后有无色透明晶体析出。将所得晶体过滤，蒸馏水洗涤，称量，在显微镜下观察，所得晶体为无色透明棱柱状。产率约 40.0%（0.042 g，基于 4-氨基-1,2,4-三唑）。其组成为 $[Cd(Atrz)_2(SCN)_2]_n$，其一维结构如图 3-2 所示。

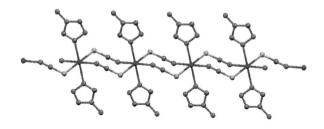

图 3-2　1D 链状结构示意图

2. $\{[Cd_{2.98}Fe_{2.02}(artz)_6(SCN)_{10}] \cdot 2H_2O\}_n$（3D）合成

将 $Cd(NO_3)_2 \cdot 4H_2O$（0.46 g，1.5 mmol）、$FeSO_4 \cdot 7H_2O$（0.42 g，1.5 mmol）溶解于 10 mL 去离子水，加入 10 mL NH_4SCN（0.61 g，8.0 mmol）水溶液，约 80 ℃ 条件下搅拌加热 30 min 后，加入 10 mL 4-氨基-1,2,4-三唑（0.25 g，3 mmol）甲醇溶液，回流 3 h 后，冷却至室温，过滤，并将滤液于室温条件下静置，3 d后有无色透明晶体析出。产率约 42.0%（0.25 g，基于 4-氨基-1,2,4-三唑）。其组成为 $\{[Cd_{2.98}Fe_{2.02}(artz)_6(SCN)_{10}] \cdot 2H_2O\}_n$，所得晶体为红色块状，其三维结构如图 3-3 所示。

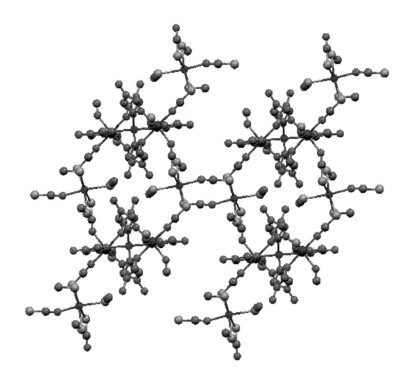

图 3-3　3D 结构示意图

　　两种晶体结构的差异还可用粉晶 XRD 测试表征，由图 3-4 可见，两种晶体的 XRD 衍射峰模式明显不同，说明两种晶体的结构完全不同。

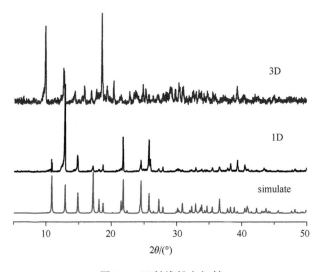

图 3-4　X 射线粉末衍射

六、思考题

为什么同一反应物组成在不同条件下可生成两种组成的晶体？试从动力学角度及热力学角度分析其原因。

（岳　凡）

实验 24　湿化学法制备 SiO$_2$ 及其表征

一、实验目的

（1）掌握 SiO$_2$ 的湿化学法制备。

（2）了解扫描电镜表征技术，理解结构与性质的关系。

二、预习要求

预习无机高分子的湿化学法制备方法。预习关于对物质结构形貌表征的手段。

三、实验原理

利用正硅酸乙酯（TEOS）在含有水（H$_2$O）、氨水（NH$_3$·H$_2$O）的乙醇混合溶液中水解的原理，制备二氧化硅（SiO$_2$）微球。

四、实验器材与试剂

器材：离心机，搅拌器，量筒，移液管。

试剂：正硅酸乙酯 Si(OC$_2$H$_5$)$_4$，氨水（25%），无水乙醇，乙醇（95%）。

五、实验内容

先将 36 mL 水、195.8 mL 氨水和 151.4 mL 无水乙醇混合，搅拌均匀，然后向此混合溶液中加入 16.8 mL 正硅酸乙酯，接着在室温下搅拌 2 h，结果得到白色的 SiO$_2$ 胶体悬浮液。用离心机把 SiO$_2$ 从悬浮液中离心出来，之后用 95% 乙醇洗三次，将产品在 100 ℃烘干 30 min，称量并计算产率。同时取少量样品送去测试扫描电镜，结果显示制备的 SiO$_2$ 均匀、分散，粒径在 500 nm 左右（图 3-5）。

六、思考题

（1）正硅酸乙酯、水、氨水和乙醇的比例不同，会对产品有什么影响？

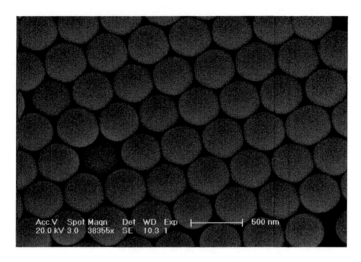

图 3-5　SiO$_2$ 的 SEM 图

（2）产品最后为什么要用 95％乙醇洗三次？

（3）可不可以用 95％乙醇代替无水乙醇，为什么？

（杨　骏）

第4章 单晶材料

学习指导

在自然界中,天然矿物晶体是大块单晶的直接来源。由于形成条件的限制,大而完整的单晶矿物相当稀少。因此,那些特别罕见的单晶(如钻石、红宝石、蓝宝石等)就成为价值不菲的宝石。最近一个世纪以来,人们发现一些单晶具备某些优异的物理性质,具有很高的应用价值。例如,石英单晶具有优异的光学性能,可被广泛用作各种光学透镜、棱镜、偏振片和滤波片、数码相机器件;单晶硅可用作于大规模集成电路以及太阳能电池材料;红宝石是精密仪器和钟表工业轴承的理想材料,还可用作激光基质材料。显然,单晶已经成为现代工业技术发展不可或缺的一类材料,而天然单晶无论在品种、质量和数量上都无法满足日益增长的需要。同时科学基础研究中常需要单晶样品,这样可以避免晶粒表面、晶界的干扰,更好地理解材料性能的微观机理。因此,对现代工业和科学研究而言,单晶生长就显得尤为必要。

本章主要介绍单晶生长的常用方法,重点介绍各种方法的基本原理和优缺点。通过本章的学习,应掌握单晶生长的一般方法,熟悉各种方法的原理,为今后的学习打下基础。

4.1 熔体中生长单晶

制备大单晶和特定形状的单晶最常用的方法就是从熔体中生长单晶。电子学、光学等现代技术应用中所需要的单晶材料大部分是用熔体生长方法制备的,如单晶硅、GaAs(砷化镓)、$LiNbO_3$(铌酸锂)、Nd:YAG(掺钕钇铝石榴石)、Al_2O_3(白宝石)以及某些碱土金属和碱土金属的卤族化合物等,许多晶体品种早已开始进行不同规模的工业生产。熔体中生长单晶的结晶驱动力是熔体的过冷度。与其他方法相比,熔体生长单晶通常具有生长快、晶体的纯度和完整性高等优点。

从熔体中生长单晶的原理是先将晶体生长原料熔融,然后冷却到一定温度以达到所需过冷度使晶体凝固,从而生长出单晶。这个过程主要包括原料融化和熔体凝固两个步骤,熔体的凝固必须是定向可控,然后通过固-液界面的移动完成晶体生长。从溶液中生长的单晶可以直接用来制作器件,也可以用于理论研究。有多种方法和手段可用于熔体中生长单晶,主要包括提拉法、泡生法、坩埚下降法、区熔法、焰熔法和浮区法等。

4.1.1　提拉法

提拉法也称直拉法或引上法,是 1917 年由丘克拉斯基(Czochralski)发明的一种合成晶体的方法,所以也称"丘克拉斯基法",这是从熔体中生长单晶最常用的一种方法。这种方法是通过在合适的温度条件下旋转和提拉籽晶来生长单晶的,其单晶生长装置如图 4-1 所示。

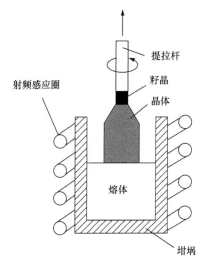

图 4-1　提拉法晶体生长装置图

提拉法单晶生长原理:在坩埚中加热熔融晶体生长所需的原料,通过籽晶杆引入籽晶,待籽晶杆上的籽晶与熔体接触而表面发生熔融后,缓慢提拉并转动籽晶杆,并降低加热功率,使与籽晶接触的熔体液面温度降低,处于过冷状态的熔体在固-液界面上不断进行原子或分子的重新排列,随着籽晶杆的转动和提拉,逐渐凝固生长出单晶体。

提拉法生长单晶具有以下优点:①能以较快速度生长高质量的单晶,且可实时观察单晶生长状况;②晶体生长过程不与坩埚接触,晶体应力小,且可避免坩埚壁的寄生成核;③通过工艺调整,可以降低位错密度,生长的单晶晶体具有较高的完整性。

但提拉法生长晶体尺寸较小,直径最多达 51~76 mm。为了满足晶体生长的需要,提拉法在其发展过程中也得到不断完善和改进,从而发展了多种新技术。

1. 液封提拉技术

液封提拉技术是为了生长具有挥发性的Ⅲ~Ⅴ主族化合物半导体单晶而发展起来的一种改进型提拉法单晶生长技术。在 InP 单晶的生长过程中,磷具有较高的离解压,因此不能像硅那样直接采用提拉法生长单晶。用惰性覆盖剂 B_2O_3 覆盖熔体,并在炉内充入惰性气体,使其压力大于熔体的离解压,从而有效地抑制挥发性元素的蒸发损失。将要生长的 InP 放入坩埚,加热融化。然后调整熔体的中心温度至凝固点上,将 InP 籽晶放入熔体中,缓慢收回籽晶,晶体开始生长或"拉制"。控制熔体温度处于合适的范围,随着籽晶从熔体中拉出,晶体在籽晶上生长。晶体的直径可以通过拉制过程中调整熔体的温度来控制。当晶体达到理想的尺寸时,迅速提起晶体,以免熔体温度升高重新熔融晶体。晶体离开熔体后,温度慢慢地降到室温,晶体就可以从生长设备中取出。人们利用这种技术已经成功地制备了 InP 和 GaAs 单晶。

2. 导模技术

导模技术是改进型且可控制晶体形状的晶体提拉法。其工艺特点是:在提拉的过程中调整模具顶端的形状,可按要求生长出多种形状的单晶。这种技术将高熔点的下部带有细管道的惰性模具置于熔体中,由于毛细作用,熔体被吸到模具的上表面,与籽晶的接触面随籽晶的提拉而不断凝固。这种技术可以通过调整模具上部的边沿限制晶体的形状,从而可以生长片状、带状、管状、纤维状以及其他形状的晶体。这种技术可以生长 Ge、Si、蓝宝石以及几种铌酸盐晶体等。导模技术具有以下优点:①生长速度快,可精确控制晶体尺寸;②低能耗,低生产成本;③能生长出复杂形状、大尺寸的单晶。其主要缺点是:①对生长速度、温度参数等生长条件的控制要求非常严格;②模具易使熔体造成污染;③生长的晶体易出现微小气泡等缺陷。

除这两种技术外还有冷坩埚技术和基座技术等。冷坩埚技术是利用磁力将熔体悬浮于坩埚之上进行拉提生长,目的是避免熔体与坩埚接触带来的污染。冷坩埚技术可以生长永磁材料 $Nd_2Fe_{14}B$ 单晶等。基座技术是把大直径的晶体原料局部融化,利用籽晶从融化区引晶生长。基座技术也不存在坩埚污染,生长温度也不受坩埚熔点限制,是目前拉制晶体纤维和试制新型晶体的重要手段。

4.1.2 泡生法

泡生法(kyropoulos method)生长晶体原理与提拉法相似,其装置原理图见图 4-2。将生长晶体所用原料放入耐高温的坩埚中加热熔化,调整炉内温度场,使熔体表面温度稍高于籽晶熔点;熔去少量籽晶杆上的籽晶,待其与熔体完全润湿后,降低表面温度至籽晶熔点,提拉并转动籽晶杆,使熔体顶部处于过冷状态而结晶于籽晶上;严格控制熔体表面温度等于籽晶温度,在不断提拉的过程中,生长出圆柱状晶体。泡生法中整个晶体生长装置安放在一个外罩内,以便保持生长环境中需要的气体和压力。可随时观察晶体的生长情况和调节熔体温度,保证晶体生长过程正常进行。

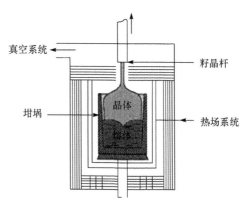

图 4-2 泡生法晶体生长装置图

泡生法虽在晶体生长初期存在部分提拉和放肩过程,但在晶体生长过程中主要是由外部温场不断降温形成结晶动力,即主要通过严格控制温度场来实现晶体的生长。因此,相对于提拉法,泡生法生长单晶具有独特的优势,其主要表现在:①可以生长更大尺寸的单晶,如可以生长 100 mm 以上的蓝宝石晶体;②生长速度快;③生长过程中应力小,缺陷更少;④有利于生长方向性晶体。

采用泡生法生长高质量无色蓝宝石晶体的具体工艺如下:

(1) 将纯净的 Al_2O_3 原料装入坩埚中,安装好夹有无色蓝宝石籽晶的提拉杆。

(2) 将坩埚加热到籽晶熔点(2050 ℃)以上,降低提拉杆,使籽晶插入熔体中。

(3) 控制熔体的温度,使液面温度略高于熔点,熔去少量籽晶。

(4) 待籽晶与熔体充分沾润后,降低熔体液面温度至籽晶熔点,缓慢向上提拉和转动籽晶杆,调节拉速和转速,籽晶逐渐长大。

(5) 严格控制液面温度等于熔点,实现宝石晶体生长的缩颈—扩肩—等径生长—收尾全过程。

泡生法生长蓝宝石晶体首先必须建立合理的温度梯度,还必须选取合适的晶体生长方向。只有掌握好这两个关键工艺参数才能生长出高质量的蓝宝石晶体。

4.1.3　坩埚下降法

坩埚下降法实际上是一种高温熔体缓慢凝固结晶工艺,该方法也称布列奇曼-斯托克巴葛法或 B-S 法,也称定向凝固法。下降炉通常由高温区、低温区和梯度区三部分构成,其原理示意图见图 4-3(a)。该法生长单晶的基本原理是使熔体逐渐冷却而在籽晶表面凝固结晶。该方法生长单晶过程为:先在坩埚底部装好籽晶,然后装入原料并在生长炉的高温区加热融化;调整坩埚在炉膛内的位置,根据温度指示缓慢接种;随后调整熔体在装置中的位置,使其缓慢通过温度梯度区并在坩埚内自下而上地结晶为整块单晶。当然,也可以保持坩埚不动,使结晶炉平行于坩埚上升,或坩埚和结晶炉都不动,通过精密控制系统缓慢降低炉温来实现生长。该方法在卤化物晶体生长方面占有主导低位。通过多年的发展,该方法也可以用来生长云母、氧化碲、锗酸铋、钼酸铅、硅酸铋、四硼酸锂、钨酸铅等多种晶体,图 4-3(b)为该方法生长的 $Bi_4Ge_xSi_{1-x}O_{12}$ 单晶。

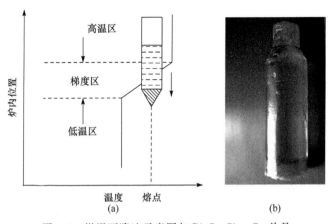

图 4-3　坩埚下降法示意图与 $Bi_4Ge_xSi_{1-x}O_{12}$ 单晶

　　坩埚下降法具有以下优点:①可根据需要生长不同外形的单晶;②坩埚封闭,生长晶体成分均匀,可用于生产挥发性物质的晶体;③生长的晶体内应力小,可生长大尺寸单晶,易实现规模化生产。但是坩埚下降法也有缺点:伴有不宜用于负膨胀系数的材料;坩埚作用容易造成污染;不易于观察等。

4.1.4　区熔法

　　区熔法最早是根据溶质分凝原理用于材料的提纯。这种技术包括水平区熔法和垂直区熔法(也称悬浮区熔法)。水平区熔法的示意图如图 4-4 所示。该方法是通过局部加热而使熔区限定在一定范围内,通过移动加热部位来调整熔区位置,从而实现晶体生长。其具体过程为:原料被固定在石英舟内,移动原料或者加热高频线圈,熔融部分原料;熔区由始端(装入籽晶)沿料锭向另一端缓慢移动,进入加热区内的原料熔化,而其他原料为固体;随料锭的移动熔区远离始端,开始熔化的区域就在籽晶表面结

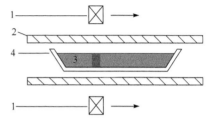

图 4-4　水平区溶法示意图
1. 加热器;2. 管式炉;3. 原料;4. 石英舟

晶。水平区熔法减少坩埚对熔体的污染,可以制备高纯度晶体,但熔融原料要使用高频加热线圈,因此需要保护气氛。
　　垂直区熔法通过表面张力支撑熔区,因而不需要坩埚,避免了坩埚接触带来的污染,因此该法可以制备高纯单晶。垂直区熔法中浮区是垂直向上通过晶锭的。垂直区熔法生长单晶所用材料要有较大的表面张力和较小的熔体密度,这样才能使熔区在晶体生长过程中保持稳定。集成电路所用的高纯而完整的单晶硅就是用这种方法生长的。

4.1.5　焰熔法

　　焰熔法又称火焰法、维涅尔法(Verneuil method),是一种简便的无坩埚的生长方法,主要用于宝石的生产。其原理是利用氢气和氧气在燃烧过程中产生的高温,使原料粉末通过氢氧焰撒下并熔融,熔融后的原料在一个冷却的结晶杆上结成单晶。其凝固速率与供料速率保持平衡。该方法主要生产工业宝石,经改动也可以生产杆状、管状、盘状和片状宝石。
　　焰熔法制备单晶的优点是:无坩埚污染,可以生长高熔点氧化物晶体,并且生长速度快,可以生长较大尺寸的晶体。但该方法生长晶体缺陷较多,不适用易挥发和氧化的材料,并且原料有大量的损失。

4.2　气相法制备单晶

　　气相法生长晶体就是将原料通过升华、蒸发、分解等过程转化为气相,然后在

适当条件下使它成为饱和蒸气,经冷凝结晶而生长成晶体。气相法可以生长高纯度和晶体完整性好的晶体,但通常生长速度慢,且温度梯度、过饱和比、气体流速等工艺参数难以精确控制。目前,气相法主要用于晶须生长和外延薄膜的生长(包括同质和异质外延)。气相法主要包括物理气相沉积(physical vapor deposition,PVD)和化学气相沉积(chemical vapor deposition,CVD)两种。物理气相沉积法是将多晶原料经过气相转化为单晶体,如升华-凝聚法、分子束外延法和阴极溅射法,而化学气相沉积法是通过化学过程将多晶原料经过气相转化为单晶体,如化学传输法、气体分解法、气体合成法和金属有机化合物化学气相沉积法等。气相法生长晶体衡量相变驱动力大小的量是体系蒸气压的过饱和度,即过饱和蒸气压。

4.2.1　升华-凝聚法

升华-凝聚法是一种物理气相沉积方法,即原料在高温区加热升华,然后被输送到低温区使其成为饱和蒸气,经过冷凝成核、长大来生长晶体,其示意图如图 4-5 所示。该方法晶体生长速度慢,适用于常温下蒸气压较高的单质和化合物,如 As、Cd、Zn、ZnS、CdS、SiC。通常用此法来生长薄膜、晶须和小尺寸晶体。控制扩散速度和通入惰性气体(如氮气或氩气)可以改善晶体的完整性。

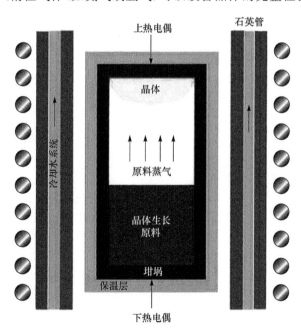

图 4-5　升华-凝聚法装置示意图

4.2.2 分子束外延技术

分子束外延(MBE)技术是指在超高真空条件下,对外延衬底和蒸发束源温度加以精确控制的外延技术,即加热的原子或分子束喷射到热的衬底表面,在表面沉积成薄膜单晶的外延工艺。分子束外延设备主要由超高真空生长系统、生长过程的控制系统、检测和分析仪器三部分组成(图 4-6)。分子束外延生长过程中到达衬底表面的组分元素通过与衬底表面发生的物理(吸附、脱附和迁移)变化和化学(化合、分解等)反应,使晶体生长过程接近于热力学平衡条件(晶格中的原子都处于自由能最低状态),从而生长出高质量的分子束外延材料。

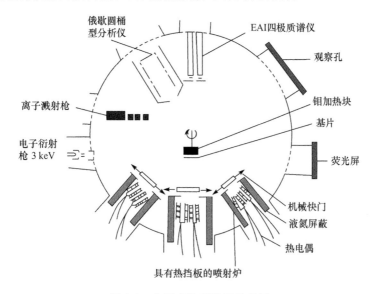

图 4-6 分子束外延装置示意图

分子束外延生长晶体速度慢,但这有利于降低杂质扩散;低速生长和喷射源束流的精确控制有利于获得超薄层和界面异质结,可以调控异质结的平整度和掺杂分布,实现对其能带结构和光电性质的"人工剪裁",从而制备出各种复杂势能轮廓和杂质分布的超薄层结构材料。分子束外延技术现在已扩展到金属、绝缘介质等多种材料。分子束外延装置是目前生长半导体晶体、半导体超晶格的关键设备。分子束外延技术可以制备Ⅲ～Ⅴ主族化合物半导体 GaAs/AlGaAs、Ⅳ主族半导体 Ge、Si 以及半导体 ZnS 和 ZnSe 等。

4.2.3 化学气相沉积

化学气相沉积是指将生长晶体所需原料(如金属的氢化物、卤化物或金属有机物)蒸发成气相,或用适当的气体(如 H_2)作为载体,输送至反应室加热的衬底上,通过热化学反应在衬底上生长出外延膜的技术。装置示意图如图 4-7 所示。

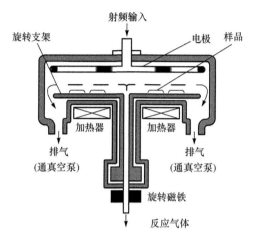

图 4-7　化学气相沉积示意图

例如通过化学气相沉积生长 GaAs 的反应为

$$(CH_3)_3Ga + AsH_3 \xrightarrow{650\sim750\ ℃} GaAs + 3CH_4 \uparrow$$

GaAs 的生长所用的前驱体为金属有机物,因此该技术称为金属有机化合物化学气相沉积(MOCVD),这种方法可以在常压或低压下生长晶体材料。GaAs 晶体的生长是氢气携带的 Ga 金属有机物在扩散通过衬底表面的停滞气体层时会部分或全部分解成 Ga 原子,在衬底表面捕获已经热解的 As 原子,从而形成 GaAs 化合物。GaAs 的生长速率主要由镓的金属有机分子通过停滞层的扩散速率决定。为了获得质量较好的外延层,生长要选择在生长速度的扩散控制区。

金属有机化合物化学气相沉积法的主要优点是适合生长各种单质和化合物薄膜,特别是蒸气压高的磷化物及其金属薄膜。这种方法有利于大面积、多片的工业规模生产。但是该技术所用的金属有机化合物源和氢化物的毒性大,潜在的污染严重。因此,有必要探索合成低分解温度、低污染和低毒性的新金属有机化合物源;材料的纯度和界面质量也会因较高的生长温度而变差,同时外延层的精确控制、表面平整度以及重复性还有待进一步改善。

4.3　溶液中生长单晶

溶质溶入溶剂形成单一均质溶体,即溶液。与溶质固相处于平衡的溶液称为该平衡状态下该物质的饱和溶液。一定状态下,饱和溶液浓度为该溶质的溶解度。因此,平衡状态下浓度低于溶解度的溶液可以保持稳定状态,如图 4-8 中的稳定区的溶液。浓度高于溶解度的溶液为过饱和溶液,过饱和溶液可以分为不稳过饱和溶液(图 4-8 $A'B'$ 以上区域)和亚稳过饱和溶液(图 4-8 AB 和 $A'B'$ 之间)。前者是在无晶核存在条件下,能够自发析出固相的过饱和溶液;后者是不能够自发析出固相的过饱和溶液。显然,单晶的生长无法在稳定区实现。在不稳过饱和区,可以生长晶体,但无法获得单一晶体。而在亚稳过饱和区,通过籽晶生长可以获得单晶。因此,为了实现晶体在溶液中的连续生长,溶液浓度必须维持在晶体生长区,即亚稳过饱和区。因此,从溶液中生长单晶,溶液的过饱和度的控制是单晶生长的关键。只有过饱和度控制在亚稳过饱和区才能生长理想的单晶。从图 4-8 中可以看出,为了使溶液处于亚稳过饱和区,可以采取降温处理,通过溶液过冷以获得过饱和,这种方法适宜溶解度和温度系数大的溶液。另外,还可以恒温蒸发溶剂,依靠相对提高浓度以获得过饱和,这种处理方法适宜溶解温度系数较小或负温度系数的溶液。

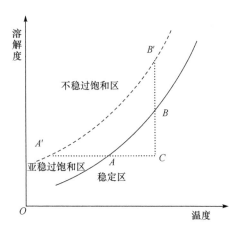

图 4-8 温度-溶解度曲线

另外,溶剂对单晶的生长也至关重要。最常用的溶剂为水,如重水、乙醇、丙醇等,乙醇-水混合溶剂也可作为单晶生长的溶剂。具体溶剂的选择应遵循以下原则:①溶质在溶剂中要有足够大的溶解度;②合适的溶解度温度系数;③有利于晶体生长,使溶质在溶剂中结晶时呈现有利的晶癖;④纯度和稳定性高;⑤具有低的挥发性、黏度和毒性,并且价格便宜等。溶液法可以在较低温度下生长高熔点晶体,这可避免晶体在较高温度下的晶形转变,还可生长高温下具有很高蒸气压的晶体材料;晶体应力小,可制备大块和均匀的单晶;生长过程可实时监控,利于研究晶体生长动力学。但该法也伴有组分多、影响因素复杂、生长周期长和对温度控制要求精准等不足。

4.3.1　变温法

变温法分为降温法和升温法两种。降温法适用于有较大正溶解温度系数的材料,而负溶解温度系数的材料则用升温法。变温法就是在晶体生长过程中逐渐改变温度,使析出的溶质直接在籽晶上生长。相对而言,降温法是更为常用的方法。对于较大的正溶解度温度系数的溶液,通过逐渐降低温度,使溶液成为亚稳过饱和溶液,以致溶质不断在籽晶上结晶析出,并长大成单晶。

降温法控制晶体生长的主要关键是掌握好溶液降温速度,控制好过饱和度。因此,降温法生长单晶必须在专门的育晶器中进行,其装置如图 4-9 所示。为使溶液温度和过饱和溶液中溶质的供应在生长中的各个晶面均匀,要求晶体相对溶液做杂乱无章的运动,因此,育晶杆转动需要定时换向。

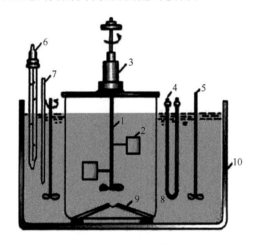

图 4-9　降温法育晶器示意图

1. 制晶杆;2. 晶体;3. 转动密封装置;4. 浸没式加热器;5. 搅拌器;
6. 控制器;7. 温度计;8. 育晶器;9. 有空隔板;10. 水槽

另外,为了提高温控精度,减少该装置内的温度波动,还可引入双浴槽的育晶装置,从而基本消除室温的波动对晶体生长的影响,以满足培育高完整性单晶的需要。

降温法是从溶液中生长晶体最常用的方法,可以用来生长 ADP、KDP、DKDP 等应用广泛的晶体。要用该法生长出完整性高的单晶,必须严格控制降温速度。因此,该法生长一块高质量光学性能的大块单晶需要几个月时间。

4.3.2 蒸发法

蒸发法的基本原理是将溶剂不断蒸发,使溶液保持在过饱和状态,从而使晶体不断生长。该方法适宜于溶解度大但溶解温度系数很小或具有负溶解温度系数的物质。蒸发法生长晶体的关键在于溶液蒸发速度,必须保证溶液的过饱和度处于亚稳过饱和区内。蒸发法生长晶体过程中温度恒定,因此生长的晶体应力小,主要用来生长小晶体。

降温法的过饱和度通过控制降温速度来控制,而蒸发法的过饱和度则是通过控制回流比(蒸发量)来控制的。蒸发育晶器装置示意图如图 4-10。在晶体生长过程中,在严格密封的育晶器上方设置冷凝器(可通水冷却),溶剂从溶液表面不断蒸发。水蒸气一部分在盖子上冷凝,沿着器壁回流到溶液中,一部分在冷凝器上凝结并积聚在其下方的小杯内再用虹吸管引出育晶器外。向溶液表面持续送入干燥空气以带走液面上方的水蒸气,从而蒸发溶剂,可实现室温培育单晶。在蒸发法生长晶体过程中,要注意控制搅拌方式(公转、自转)、体系的 pH,以调控晶体以较慢的生长速度生长。

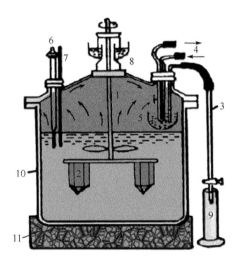

图 4-10 蒸发育晶装置图
1. 籽晶杆;2. 晶体;3. 虹吸管;4. 冷却水管;5. 冷凝器;6. 控制器;
7. 温度计;8. 水封装置;9. 量筒;10. 育晶缸;11. 加热器

4.3.3 流动法

降温法生长晶体过程中,消耗的溶质或损耗的溶剂无法得到补充,因此无法生长大尺寸的晶体,采用溶液循环流动法可以克服这一缺点。这种方法将溶液配制、过热处理、单晶生长等操作过程分别在整个装置的不同部位进行,而构成了一个连续的流程。

如图 4-11 所示,流动法生长装置主要由三部分容器组成,即生长槽(育晶器)、溶解槽(用来配置饱和溶液,温度高于生长槽)和过滤槽。溶解槽中的原料在不断搅拌下溶解,使溶液达到饱和状态;过滤后的溶液进入过滤槽;过热后的溶液用泵打回生长槽,溶液在生长槽处于低温状态,为亚稳过饱和溶液,因此,溶质在籽晶上析出并长大。因消耗而变稀的溶液流回溶解槽重新溶解原料,并在较高的温度下达到饱和。溶液如此循环流动,使溶解槽的原料不断溶解,生长槽中的晶体不断生长。晶体生长速度靠溶液的流动速度、生长槽和溶解槽的温差来控制。流动法生长单晶过程中晶体生长始终在最有利的生长温度和最合适的过饱和度下进行。这种方法生长单晶尺寸和生长量不受晶体溶解度和溶液体积的限制,而只受容器大小限制,因此可以生长大尺寸单晶。例如用此法曾长出了 20 kg 的磷酸二氢铵(ADP)大单晶。不过,流动法所需设备比较复杂,三个槽之间的温度梯度和溶液流速关系需要很好匹配,这对操作者的操作经验要求较高。

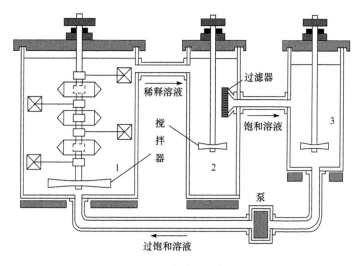

图 4-11　流动法示意图
1. 生长槽;2. 溶解槽;3. 过滤槽

4.3.4　凝胶法

凝胶扩散法是以凝胶作为扩散和支持介质,使一些在溶液中进行的化学反应通过凝胶扩散缓慢进行,而溶解度较小的反应产物在凝胶中逐渐生长成晶体的方法。普通试管或 U 形管都可作为凝胶扩散法制备结晶的容器。以生长酒石酸钙晶体为例,试管法是将酒石酸与凝胶混合,胶化后,将 $CaCl_2$ 浓溶液倒在凝胶上面[图 4-12(a)],随着扩散的进行,酒石酸和氯化钙在界面和凝胶中结晶。如果改用

U 形管,其原理图如图 4-12(b),酒石酸和 CaCl$_2$ 溶液分别扩散进含酒石酸的凝胶中,发生化学反应,酒石酸钙不断在 U 形管底部形成。

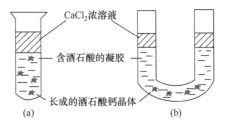

$$CaCl_2 + H_2C_4H_4O_6 + 4H_2O \longrightarrow$$
$$CaC_4H_4O_6 \cdot 4H_2O \downarrow + 2HCl$$

图 4-12 凝胶法生长酒石酸钙

U 形管法与试管法的不同主要是不将反应物制备到溶胶中。常用的硅酸钠胶、四甲氧基硅胶、明胶和琼脂等可以作为单晶生长用的凝胶。

凝胶法生长晶体设备要求简单,所用化学试剂少,环境条件相对稳定,生长晶体速度慢,适合生长针状晶体,合成大尺寸晶体难度大,可以合成籽晶。凝胶法在控制化学反应,进行人体中结石形成的病理等基础研究中具有一定价值。

4.3.5 水热法

制备在溶剂中十分难溶的化合物的晶体,如难溶的无机材料和配位聚合物,可以尝试水热法(溶剂热法)。水热法生长晶体在特制的高压釜中进行,装置示意图如图 4-13 所示。将难溶化合物与水溶液一起放在高压釜里,加热到一定温度,容器产生的高压导致原料在超临界液体中溶解并且在缓慢降温过程中结晶。在高压釜内,底部为原料溶解后形成的饱和溶液的高温区,籽晶悬挂在底部的低温区。釜内上下温差导致溶液对流,将高温下的饱和溶液带至挂有籽晶的生长区,存在的温差导致溶液处于亚稳过饱和状态,从而使溶质在籽晶表面析出生长。由于对流作用,析出部分溶质的低温溶液又流向下部,往复循环,籽晶不断长大。釜内溶液的过饱和度的大小取决于溶解区和生长区之间的温差以及结晶物质溶解度的温度系数。

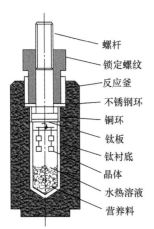

图 4-13 水热法生长装置

螺杆
锁定螺纹
反应釜
不锈钢环
铜环
钛板
钛衬底
晶体
水热溶液
营养料

水热法除了用水作溶剂外,也可以采用有机溶剂进行类似的反应,称为溶剂热法。溶剂热法与水热法的机理相似。利用水热法或溶剂热法培养单晶的关键是控制好晶化温度。水热法生长晶体具有热应力小、宏观缺陷少、均匀性和纯度高等特点。实际晶体生长中,水热法主要用来合成水晶,也可合成磷酸铝、磷酸镓、方解石、氧化锌、磷酸钛盐钾以及多种宝石(红宝石、蓝宝石、祖母绿等)等晶体。

4.3.6　助熔剂法

助熔剂法又称熔盐法或高温溶液法,其原理是将生长晶体所需原料在高温下溶解于低熔点助熔剂中,形成均匀的饱和溶液,然后通过缓慢降温或其他方法控制溶液的过饱和度,使晶体析出。这个过程类似于自然界中矿物晶体在岩浆中的结晶。

助熔剂法适应性很强,只要能找到适当的助熔剂或助熔剂组合,就能生长出单晶。许多难熔化合物、在熔点极易挥发的物质、高温时变价或有相变的材料以及非同成分熔融化合物,都不能直接从熔体中生长或不能生长完整的优质单晶。助熔剂法由于生长温度低,显示出独特能力。该方法不需要复杂的生长设备,但生长周期比较长,一般只能生长小的晶体。另外,助熔剂的引入还会带来一些问题,如易将杂质引入晶体,产生应力,很多助熔剂都具有一定的毒性,会产生一定的腐蚀与污染。

助熔剂生长单晶的关键是助熔剂的选择。通常助熔剂的选择应遵循以下原则:

(1) 溶解度足够大,在生长温度范围内还应有适度的溶解度温度系数。

(2) 所生成的晶体是唯一稳定的物相,助熔剂与参与结晶的成分最好不形成多种稳定的化合物。

(3) 黏度尽可能小,以便溶质晶体能够以较快的速度生长。

(4) 尽可能低的熔点和高的沸点,以便选择方便和较宽的生长温度。

(5) 挥发性、腐蚀性和毒性尽可能小,避免对人体、坩埚和环境造成损害和污染。

(6) 易溶于溶液去除,以便于生长结束时晶体与母液的分离。

(7) 原料成本低。

在实际生长单晶时,很难找到一种能同时满足上述条件要求的助熔剂,一般采用复合助熔剂来尽量满足这些要求。根据以上原则,同种单晶生长时也可以选择不同的助熔剂,这些助熔剂各有优缺点。以生长 ZnO 单晶为例,在 $KOH+H_2O$ 及 $KOH+NaOH+H_2O$ 助熔剂体系中生长的 ZnO 单晶外形美观,生长温度低,助熔剂可直接用水溶解去除,但只能制备直径不超过 0.1 mm 的一维针状晶体。在 PbF_2、$V_2O_5+B_2O_3$、$MoO_3+V_2O_5$ 助熔剂体系中无法生长外形规则和浅色的 ZnO 晶体,生长温度在 1000 ℃ 和 1000 ℃ 以上。

在 ZnO、KOH、H_2O 的物质的量比为 1∶5∶6.5 的体系中生长 ZnO 单晶的过程及现象为:混合溶液在室温为乳状液;KOH 在约 100 ℃ 时溶解,并开始出现水蒸气气泡;约 200 ℃ 时,ZnO 粉开始溶解,继续冒泡;约 260 ℃,ZnO 溶解完全,得到澄清透明溶液,停止冒泡;约 300 ℃ 时,再次冒泡;约 370 ℃,停止冒泡;约 380 ℃,溶液变为完全澄清透明,可以通过液体看到坩埚内壁;约 400 ℃时,可以观察到闪烁的细小 ZnO 晶体;约 450 ℃时,晶体在坩埚内壁和底部生长。

【思考题】

4-1　从溶液中生长单晶有哪些方法?

4-2　从熔体、气相和溶液中生长单晶的驱动力分别是什么?

(邹　建)

实验 25　硫酸铝钾晶体的制备

一、实验目的

（1）巩固复盐的有关知识,掌握制备简单复盐的基本方法。

（2）认识金属铝和氢氧化铝的两性。

（3）了解从水溶液中培养大晶体的方法,制备硫酸铝钾大晶体。

（4）掌握固体溶解、加热蒸发、减压过滤的基本操作。

二、预习要求

（1）预习金属铝的性质。

（2）阅读《化学基础实验（Ⅰ）》4.1.1 和 4.1.2,复习蒸发浓缩、结晶与重结晶、固液分离的操作要领。

三、实验原理

根据金属铝的性质,使其与氢氧化钾反应生成四羟基合铝（Ⅲ）酸钾。

$$2Al+2KOH+6H_2O = 2K[Al(OH)_4]+3H_2 \uparrow$$

而铝片中的其他金属或杂质则不溶。用硫酸溶液中和四羟基合铝（Ⅲ）酸钾可制得微溶于水的复盐明矾——$KAl(SO_4)_2 \cdot 12H_2O$ 结晶。

$$K[Al(OH)_4]+2H_2SO_4+8H_2O = KAl(SO_4)_2 \cdot 12H_2O$$

硫酸铝钾是透明无色晶体,具有非常规整、美丽的八面体晶形。在 92 ℃时溶于其结晶水中。从图 4-8 可知,若从处于不饱和区域的 C 点状态的溶液出发,要使晶体析出,从原理上来说有两种方法。一种方法是采用 C→A 的过程,即保持浓度一定,降低温度的冷却法;另一种办法是采用 C→B 的过程,即保持温度一定,增加浓度的蒸发法。用这样的方法使溶液的状态进入到 AB 线上方区域,一进到这个区域一般就有晶核的产生和成长。但有些物质在一定条件下虽处于这个区域,溶液中并不析出晶体,而是成为过饱和溶液。可是过饱和度是有界限的,一旦达到某种界限时,稍加震动就会有新的、较多的晶体析出,即在图 4-8 中 A′B′表示过饱和的界限,亦称为过溶解度曲线。要使晶体能较大地成长起来,就应当使溶液处于 AB 和 $A'B'$ 之间的亚稳过饱和区,让它慢慢地成长,而不使细小的晶体析出。

四、实验器材与试剂

器材:布氏漏斗,抽滤瓶,循环水泵,温度计,保温杯,广口瓶,烧杯,台秤,搪瓷盘。

试剂:KOH(s),铝片,KAl(SO₄)₂·12H₂O(s),H₂SO₄(6 mol·L⁻¹),乙醇(95%),冰。

五、实验内容

1. 制备四羟基合铝酸钾

称取 2 g KOH 固体放入 100 mL 烧杯中,加入 25 mL 蒸馏水使之溶解。称量 1 g 金属铝片,分两次加入溶液中(反应开始后很激烈,注意不要溅出)。反应完后加 10 mL 蒸馏水,抽滤,将滤液转入烧杯中。

2. 硫酸钾铝的制备

向盛有溶液的烧杯中慢慢滴加 6 mol·L⁻¹ H₂SO₄ 溶液,并不断搅拌,将中和后的溶液加热几分钟(勿沸),使沉淀完全溶解,冷却至室温后,放入冰浴中进一步冷却、结晶。减压抽滤,用 15 mL 95% 乙醇洗涤晶体两次,将晶体用滤纸吸干,称量。

3. 硫酸铝钾晶体的制备

1) 晶种的培养

将配制的比室温高出 20~30 ℃的硫酸铝钾饱和溶液注入搪瓷盘里(水与硫酸铝钾的比例可为 100 g∶20 g),液面高 2~3 cm,自然冷却,约 24 h 后,在盘的底部有许多晶体析出。选择晶形完整的晶体作为晶种。

2) 晶体的制备

称取 10 g 硫酸铝钾并研细后放入烧杯中,加入 50 mL 蒸馏水,加热使其溶解,冷却到 45 ℃左右时,转移到广口瓶中。待广口瓶中溶液温度降到 40 ℃时,把预先用线系好的晶种吊入溶液中部位置。此时应仔细观察晶种是否有溶解现象,如果有溶解现象,应立即取出晶种,待溶液温度进一步降低,晶种不发生溶解时,再将晶种重新吊入溶液中。与此同时,在保温杯中加入比溶液温度高 1~3 ℃的热水,而后把已吊好晶种的广口瓶放入保温杯中,盖好盖子,静置到次日,观察在晶种上生长起来的大晶体的形状。

六、思考题

（1）用溶解度说明为什么可以将硫酸钾和硫酸铝两种饱和溶液混合来制得明矾晶体？如何把晶种放入饱和溶液中？

（2）若饱和溶液中晶种长出一些小晶体或烧杯底部出现少量晶体时，对大晶体的培养有何影响？应如何处理？

（3）如何检验新制成的溶液就是某温度下的饱和溶液？

（柴雅琴）

实验 26　磷酸二氢钾晶体的合成和生长

一、实验目的

（1）掌握磷酸二氢钾（KDP）单晶的生长技术。

（2）了解 KDP 单晶生长过程中的影响因素。

二、预习要求

阅读本章，并查阅资料，了解单晶、单晶生长技术与方法。

三、实验原理

在合成 KH_2PO_4 的过程中，KOH 和 H_3PO_4 的反应是一个简单的酸碱反应生成盐的过程。

$$KOH + H_3PO_4 \longrightarrow KH_2PO_4 + H_2O$$

在该溶液体系中，不同 pH 条件下可能存在 PO_4^{3-}、HPO_4^{2-}、$H_2PO_4^-$ 以及 H_3PO_4 四种基团，它们在不同 pH 时所占的比例各有差异，它们的分配系数分别用 α_0、α_1、α_2 和 α_3 表示，如图 4-14 所示。

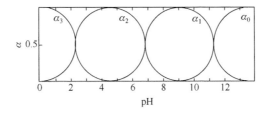

图 4-14　PO_4^{3-}、HPO_4^{2-}、$H_2PO_4^-$ 以及 H_3PO_4 基团所占有的百分数分布图

从图 4-14 可以看出，$H_2PO_4^-$ 基团在 pH＝4.5 时所占比例最大，而单晶的生长必须满足一定的过饱和度，因此，在 KDP 单晶的生长体系中，它的过饱和溶液

的 pH 必须保持在 4.5。

四、实验器材与试剂

器材：天平，搅拌器，量筒，烧杯，锥形瓶，烘箱，酸度计。

试剂：浓磷酸(85%)，KOH(A. R.)。

五、实验内容

1. KDP 籽晶的制备

用 15 mL 蒸馏水将 4 mL 85% 的浓磷酸稀释，取 4 g KOH 溶于 10 mL 蒸馏水中配成溶液待用。在搅拌下将氢氧化钾溶液缓慢滴加到磷酸溶液中，然后用稀的磷酸或稀的氢氧化钾溶液调节 pH 为 4.5，在 80 ℃ 蒸发溶液至 15 mL。将浓缩溶液静置、冷却、结晶、过滤，获得的晶体可作为 KDP 籽晶。

2. 单晶生长

从产品中选取较好的单晶颗粒作为籽晶，再取部分产品制成高于室温的饱和溶液，在培养皿中投入籽晶，倒入溶液，室温下静置，培养大单晶，并观察单晶的生长情况。在单晶生长过程中要保持培养皿静置，要选表面干净且没有划痕的培养皿。

六、思考题

(1) 单晶生长过程中，为什么要求配制的饱和溶液高于室温？

(2) 为什么要控制溶液的 pH 为 4.5?

(邹　　建)

实验 27　金属有机骨架材料 MOF-5 晶体的合成

一、实验目的

(1) 了解多孔金属有机骨架(metal organic framework, MOF)的设计原理，掌握多孔晶体制备的一般方法。

(2) 学习配位聚合物的结构分析，了解单晶结构解析与粉晶 XRD 表征的应用。

(3) 通过讨论影响配合物结构的因素，进一步掌握热力学及动力学因素对晶体生长的影响。

(4) 了解多孔配位聚合物的常见性质。

二、预习要求

了解多孔金属有机骨架的设计、制备原理以及多孔化合物的结构。

三、实验原理

多孔金属有机骨架在催化、分离、气体吸附和分子识别等领域具有广泛应用，已经成为一种很有前景的材料。该类型材料由于结构的丰富性、可调性、孔道的多样性、高比面积等特点，在催化、分离、储存气体领域都被视为理想材料，尤其在储存气体方面更是得到广泛认可。金属有机骨架配合物 MOF-5 为该种材料的典型代表，它为三维立体结构，具有较高的比表面积、均一的孔道结构、较大的孔容积，表现出良好的储氢性能。本实验利用溶剂热法合成 MOF-5。

四、实验器材与试剂

器材：反应釜，电磁搅拌器，烧杯，显微镜，烘箱，X 射线衍射仪。

试剂：$Zn(NO_3)_2 \cdot 4H_2O$，对苯二甲酸（H_2BDC），新鲜蒸馏的 N,N-二乙基甲酰胺（DEF）。

五、实验内容

在 20 mL 的反应釜中，将 $Zn(NO_3)_2 \cdot 4H_2O$（210 mg，0.80 mmol）和对苯二甲酸（45 mg，0.27 mmol）混合溶解在 10 mL 的 DEF 溶液中，放在烘箱中升温至 100 ℃，加热 18 h 后得到无色立方晶体。通过 X 射线单晶衍射测定 MOF-5 的结构，也可通过比较多晶 XRD 衍射与文献单晶数据拟合 XRD 谱是否一致来证明所得晶体是否为 MOF-5。MOF-5 的结构如图 4-15 所示。

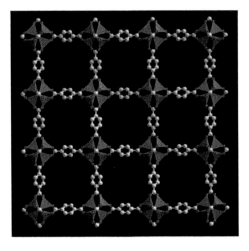

图 4-15　MOF-5 的 3D 结构图

六、思考题

为什么要用新鲜蒸馏的 N,N-二乙基甲酰胺？

【附注】

金属有机骨架材料（MOFs）是近十年来发展迅速的一种配位聚合物，具有三维的孔结构，一般以金属离子为连接点，有机配体位支撑构成空间 3D 延伸，系沸石和碳纳米管之外的又一类重要的新型多孔材料，在催化、储能和分离中都有广泛应用。目前，MOF 已成为无机化学、有机化学等多个化学分支的重要研究方向。在这方面有名的科学家有 Kitagawa、Yaghi、周洪才、Fujita、吴传德、杨秀丽等。

金属有机骨架材料是指过渡金属离子与有机配体通过自组装形成的具有周期性网络结构的晶体多孔材料。它具有高孔系率、低密度、大比表面积、孔道规则、孔径可调以及拓扑结构多样性和可裁剪性等优点。

MOF 主要包括两个重要组分：结点（connectors）和连接桥（linkers），即 MOFs 是由不同连接数的有机配体（连接桥）和金属离子结点组合而成的框架结构。

（肖冬荣）

实验 28　金属有机骨架材料 MIL-101 晶体的制备

一、实验目的

（1）了解多孔材料的生成原理，掌握多孔材料 MIL-101 制备的一般方法。
（2）了解多孔材料 MIL-101 的常见性质。

二、预习要求

了解多孔材料的结构，熟悉水热合成方法。

三、实验原理

含有较大笼状结构和孔道的多孔材料，在催化、分离、传感器、电子器件及气体储存方面的应用受到日益增长的关注。由于这些材料自身的结构和孔尺寸的限制，它们只能允许某些特定形状和尺寸的分子进入笼型孔洞。除此之外，巨大的孔洞还可以作为纳米反应装置。孔材料孔径尺寸越大，可以用来进行连接以及储存的反应物变化的幅度也就越大。

金属有机骨架配合物 MIL-101 是一种具有很大笼状结构的多孔材料,具有很好的稳定性。本实验利用水热法合成 MIL-101。

四、实验器材与试剂

器材:反应釜,电磁搅拌器,布氏漏斗,烧杯,滤纸,玻璃棒,显微镜,烘箱,X 射线衍射仪。

试剂:$Cr(NO_3)_3 \cdot 9H_2O$,HF,对苯二甲酸(1,4-H_2BDC)。

五、实验内容

1. MIL-101 的合成

将 $Cr(NO_3)_3 \cdot 9H_2O$(400 mg,1 mmol)、HF(1 mmol)、1,4-H_2BDC(164 mg, 1 mmol)和 4.8 mL 蒸馏水混合到一起,搅拌,密封放入反应釜中,放入 220 ℃烘箱中加热反应 8 h。

2. MIL-101 的提纯

待上述反应液冷却后,仍保留有大量的结晶状的对苯二甲酸。为了除掉大部分的羧酸,混合物要用大孔的多孔玻璃过滤器进行过滤。过滤后,水和绿色的 MIL-101 粉末可以通过过滤器,而未参与反应的对苯二甲酸会留在过滤器里。然后,用布氏漏斗和小孔滤纸进行过滤,即可将 MIL-101 粉末分离出来。干燥,称量,计算产率。通过比较多晶 XRD 衍射与文献中晶体数据拟合 XRD 谱是否一致来证明所得晶体是否为 MIL-101。

六、思考题

为何选用对苯二甲酸作为有机配体?

(肖冬荣)

实验 29　金属有机骨架配合物 HKUST-1 晶体的合成

一、实验目的

(1) 了解晶体合成的一般方法。

(2) 了解晶体的结构测定方法——X 射线单晶衍射和多晶 XRD。

二、预习要求

(1) 了解金属有机骨架的基本概念。

(2) 阅读《理化测试（Ⅱ）》5.1 节和实验 34，复习 X 射线单晶衍射测定晶体结构的原理和方法。

三、实验原理

具有纳米孔的金属有机骨架材料研究是近年来兴起的一个新领域。这些材料不但具有迷人的拓扑结构，而且在选择性吸附、分子识别、可逆性主-客体分子（离子）交换及选择性催化等方面具有潜在的应用价值，因此设计合成新的金属有机骨架配合物越来越引起人们的注意。在合成金属有机骨架配合物所用的配体中，羧酸配体因其强的配位能力及单齿配位、双齿螯合配位、双齿桥联配位、三齿配位等灵活多变的配位模式而备受人们关注。1,3,5-均苯三甲酸（TMA）是较早使用的，也是最常用的羧酸有机配体之一。Williams 小组以二价铜离子和 TMA 配位构筑了一个具有 0.9 nm×0.9 nm 四方孔道的三维金属有机骨架微孔配合物 HKUST-1。本实验就利用混合溶剂热法合成这一经典的金属有机骨架微孔配合物。

四、实验器材与试剂

器材：50 mL 烧杯，玻璃棒，分析天平，23 mL 聚四氟乙烯内衬反应釜，烘箱，光学显微镜，X 射线单晶衍射仪，电磁搅拌器。

试剂：$Cu(NO_3)_2 \cdot 3H_2O$，1,3,5-均苯三甲酸，乙醇。

五、实验内容

1. 配合物 HKUST-1$[Cu_3(TMA)_2(H_2O)_3]_n$ 的制备

称取 $Cu(NO_3)_2 \cdot 3H_2O$(1.8 mmol) 和 1,3,5-均苯三甲酸(1.0 mmol)于 50 mL 烧杯中，加入 12 mL 的乙醇水溶液（水：乙醇＝1：1）搅拌 15 min，将上述混合溶液移入 23 mL 聚四氟乙烯内衬反应釜中，置于烘箱中于 180 ℃下晶化 12 h，自然冷却至室温，得到天蓝色 HKUST-1 晶体。

2. 配合物 HKUST-1 $[Cu_3(TMA)_2(H_2O)_3]_n$ 的结构表征

在光学显微镜下挑选大小合适、质量好的晶体进行单晶 X 射线衍射，测定配合物 HKUST-1 的结构。也可通过比较多晶 XRD 衍射与文献中单晶数据拟合 XRD 谱是否一致来证明所得晶体是否为 HKUST-1。图 4-16 为 $[Cu_3(TMA)_2(H_2O)_3]_n$

的配位模式图。

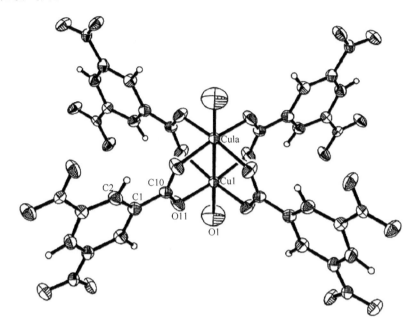

图 4-16 [Cu₃(TMA)₂(H₂O)₃]ₙ 配位模式图

六、思考题

（1）在本实验中，1,3,5-均苯三甲酸作为几齿配体与二价铜离子配位？

（2）水热法和溶剂热法是培养晶体的基本方法，它们的区别是什么？

（肖冬荣）

实验 30　具有高热稳定性的金属有机骨架配合物 ZIF-8 的合成

一、实验目的

（1）掌握沸石型金属有机骨架配合物合成。

（2）掌握溶剂热合成方法。

（3）学习配位聚合物的结构分析，了解单晶结构解析方法。

二、预习要求

（1）了解单晶仪的使用方法。

（2）了解沸石及金属有机骨架多孔材料。

三、实验原理

全球经济发展的动力有很大一部分源于沸石材料的应用,如石油化工、气体拆分及水的软化和净化等。沸石一般是由四面体的 Si(Al)O$_4$ 单元通过 O 原子共价桥连形成,进而形成 150 多种不同的骨架。在沸石骨架中引入金属离子和有机配体可以增强其在更多方面的催化应用,因为沸石型金属有机骨架材料具有微孔尺寸、形状可调、结构和功能多样化等优点。

咪唑失去质子可以形成 IM[图 4-17(a)],可以观察到 IM 通过桥连形成一个M-IM-M,M-IM-M 的键角接近于 145°,这接近于在很多沸石中的 Si—O—Si 键角[图 4-17(b)],这就为在一定条件下合成具有沸石结构的金属有机骨架提供了可能。一系列具有沸石结构的金属-咪唑骨架配合物已经被成功合成,其中 ZIF-8 为该种材料的典型代表,它为三维立体结构,具有较高的比表面积、较大的孔容积,表现出良好的储氢性能,并且具有很高的热稳定性。本实验就利用溶剂热法合成ZIF-8。

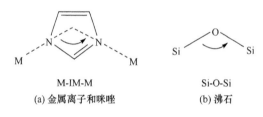

M-IM-M　　　　　　　　　　　Si-O-Si
(a) 金属离子和咪唑　　　　　　　(b) 沸石

图 4-17　共价桥连键角

四、实验器材与试剂

器材:反应釜,电磁搅拌器,烧杯,滤纸,玻璃棒,显微镜,烘箱,X 射线衍射仪。

试剂:Zn(NO$_3$)$_2$·4H$_2$O,2-甲基咪唑,DMF,CHCl$_3$。

五、实验内容

1. ZIF-8 Zn(MeIM)$_2$·(DMF)·(H$_2$O)$_3$ 的合成

在 20 mL 反应釜中,将 Zn(NO$_3$)$_2$·4H$_2$O(0.210 g,0.803 mmol)和 2-甲基咪唑(0.060 g,0.731 mmol)混合溶解在 18 mL 的 DMF 溶液中,放在烘箱中以5 ℃·min^{-1} 的速度升温至 140 ℃。加热 24 h 后,再以 0.4 ℃·min^{-1} 的速度冷却至室温,移去母液,在反应釜中加入 20 mL 的 CHCl$_3$,从溶液上层收集无色晶体,将所得晶体用 DMF 洗涤 3 次,每次 10 mL,在空气中干燥 10 min。

2. ZIF-8 $Zn(MeIM)_2 \cdot (DMF) \cdot (H_2O)_3$ 的结构表征

通过 X 射线单晶衍射测定 ZIF-8 的结构,也可通过多晶 XRD 衍射与文献单晶数据拟合 XRD 谱是否一致来证明所得晶体是否为 ZIF-8。

3. ZIF-8 $Zn(MeIM)_2 \cdot (DMF) \cdot (H_2O)_3$ 的热稳定性

通过热重分析测定 ZIF-8 的热稳定性。

六、思考题

(1) 可否选择苯并咪唑来合成沸石型金属有机骨架配合物?

(2) 为什么选择锌离子作为金属中心?

（肖冬荣）

第 5 章　无机精细化工产品

学习指导

　　无机精细化工是精细化工的一个分支,专指生产无机精细产品的化学工业。无机精细化工在整个精细化工大家族中起步较晚、产品较少,然而近几年崛起的趋势越来越明显,不管是门类还是品种都在以较快的速度增长。另外,无机精细化工对其他部门或化工本身的科技发展起着不可替代的作用。例如一些耐高温、重量轻、强度高的特殊烧蚀材料应用于航天器的喷嘴、燃烧室内衬、前锥体、尾锥部、喷气发动机叶片等方面,推动了我国航空航天工业的发展,这样的事例不胜枚举。随着无机精细化工的快速发展,不仅有大批精细化工产品投入市场,而且无机精细化工所占化工总产值的比例逐年上升。无机精细化学品的制备方法与前几章的无机制备大致相同或相近,其中无机高分子单独成章,均无需赘述,本章仅讨论无机精细化学品的分类及用途,并通过实验项目学习一些代表性产品的结构特征及合成。

5.1　无机精细化学品简介

　　精细化学品具有附加价值高、利润率大、技术和知识密集性高的特点,因此倍受发达国家的重视。精细化学品也是衡量一个国家化学工业发达程度的标志之一。21 世纪以来,全世界围绕材料科学、信息科学和生命科学为代表的前沿科学得到了规模空前的发展。世界上主要工业发达国家美、日、德等国精细化学品占化工产品的比重已达到 60% 左右,而我国还不到 40%,因此,我国发展精细化工理所当然是战略重点。

　　无机精细化工是精细化工中的重要组成部分,其重点不在于合成更多的新的无机化合物,而在于采用众多特殊的精细工艺技术,或对现有的无机物在极端的条件下进行再加工,从而改变物质的微结构,产生新的功能,满足高新技术的各种需求。遗憾的是,尽管工业、农业、医药和日常生活中都要消费大量的无机盐,但是无机盐工业一直主要是作为基础原料工业的面貌而生存和发展,没有得到应有的重视。精细化工的兴起不仅为我国的高新技术提供了成百上千的化工产品,而且将为前沿科学走向世界前列提供更多的新型功能材料。一般把金属材料、高分子材料和无机非金属材料作为材料领域的三大家族。20 世纪 80 年代"新材料革命"后,将"新材料"划分为新金属材料、电子材料、精细陶瓷材料、功能高分子材料和复合材料五个领域。由此可见,不论三大家族,还是五个领域,除了其中的高分子材料之外,都与无机精细化学品有关。

无机精细化学品相对于有机精细化学品而言,起步晚、品种少但产品具有不燃、耐候、轻质、高强度及一系列特殊的光、电、声、热等独特功能。典型的无机精细化学品,如超纯试剂和超纯电子气体,大直径、高纯度、高均匀度、无缺陷方向的单晶硅、人造金刚石、SiO_2、GeO_2 石英系通信光纤,钨酸钙、铝酸钇(激光技术工作物质)、亚硝酸钙(混凝土添加剂)等,已广泛应用于工农业实践中,显示了其独特的功能。

国内外许多学者的专著对"精细化工"(fine chemical industry)和"精细化学品"(fine chemicals) 的定义都有论述,并且在不断地补充新的内涵。精细化学品的主要特征如下:

(1) 多品种、小批量。

(2) 可采取分批方式间歇生产。

(3) 产品具有特定功能和特殊指标;高纯度;配方技术可以规定产品性能;大量采用复配技术。

(4) 生产规模小,适宜柔性生产线。

(5) 附加值高,商品性能强。

(6) 多数为终端产品,直接用于生产、生活和消费。

(7) 投资小,见效快,利润大。

(8) 技术密集度高,新技术、新工艺、新品种层出不穷,技术决定市场。

5.2　无机精细化学品的分类

5.2.1　橡胶填充补强剂

天然橡胶材料具有极好的韧性,但不经过增强往往难以获得较高的机械强度。为了克服其固有的强度不足,加入如炭黑、白炭黑、陶土等粉状材料、短纤维和其他高分子材料,能显著提高橡胶材料的物理机械性能。这类能有效提高橡胶材料物理机械性能的粉状材料称为橡胶的补强和填充剂。

1. 碳酸钙类填充剂

(1) 普通碳酸钙。白色晶体或粉末,相对密度 2.70～2.95,溶于酸而难溶于水。在二氧化碳饱和水中溶解而成碳酸氢钙,加热到 825 ℃分解为氧化钙和二氧化碳。天然产的碳酸钙矿物有石灰石、方解石、白垩、大理石等,将它们磨成粉后为普通碳酸钙。普通碳酸钙又有干磨与湿磨之别,粒径为 1.5～44 μm,干磨者粒径大于 20 μm,而湿磨者小于 20 μm。

(2) 沉淀碳酸钙。用二氧化碳通入石灰水或碳酸钠溶液与石灰水发生沉淀作用生成的粉状碳酸钙,一般分为轻质沉淀碳酸钙(相对密度 2.50～2.60)和重质沉淀碳酸钙(相对密度 2.70~2.80)。沉淀碳酸钙粒径为 1.0~16 μm,比表面积为 5~25 $m^2 \cdot g^{-1}$,折光率 1.49,pH 为 10 左右,不溶于水和醇,遇酸放出二氧化碳,有轻微吸湿性。

(3) 活性轻质碳酸钙。这是一种粒子表面吸附一层脂肪酸钠的轻质碳酸钙,是无味无臭的白色粉末,相对密度 1.99~2.01。水分在 0.5% 以下,硬脂酸含量 2%~5%,粒径小于 0.1 μm,比表面积 25~28 $m^2 \cdot g^{-1}$,折光率 1.49。不溶于水和醇,遇酸分解放出二氧化碳,在空气中放置无化学变化,只有轻微吸湿能力。活性比普通碳酸钙大,略具有增强作用。

2. 炭黑类填充剂

这类填充剂包括各种炭黑。炭黑是以液体或气体碳氢化合物为原料,在空气不足的条件下经部分燃烧或热分解所生成的产物。炭黑的元素组成主要是碳,只含有少数氢和氧,是具有"准石墨晶体"构造和胶体粒径范围的黑色粉状物质。

因生产工序不同,炭黑可分成多种品级,但塑料工业中常使用的有以下两种:

(1) 天然气槽黑。黑色粉状物质,表面比较粗糙,在空气中易吸潮。平均粒径 23~30 nm(易混槽黑 29~35 nm,难混槽黑 23~26 nm),比表面积 130~160 $m^2 \cdot g^{-1}$。

(2) 混气槽黑。这是一种用煤焦油加工的油类(蒽油、萘油等)气化后和天然气混合而制成的炭黑。

炭黑有聚集成串排列的趋向,这种"结构"影响聚合物复合结构的流变学特性,其特征为"成串结构"的炭黑促进聚合物产生高黏度、高弹性模量、低流动速率和光滑的低溶胀挤出。炭黑既有保护光降解和抗热氧化作用,又能提高塑料制品的刚性。

3. 硅酸盐类

(1) 石棉。白色至灰白色纤维状物质。化学性质稳定,耐碱性强,耐酸性差,绝电、绝热性能好。在塑料工业中,石棉一般指温石棉。温石棉纤维长度不一,天然产品长度约 1 in(1 in=2.54 cm),直径 0.025~0.035 μm,工业应用时需磨短。纤维有细软丝状和粗糙状之分。粗糙状纤维不可弯曲,研磨时容易折断;细软丝状可弯曲,不易折断,且强度大,在塑料工业中的应用也较广泛。

(2) 陶土。陶土的主要成分为高岭土,其中含 SiO_2 65.18%~71.86%,Al_2O_3 15.02%~17.99%、Fe_2O_3 3.27%~6.61%、CaO 0.75%~1.68%、MgO 0.89%~2.07%、烧失量 4.19%~6.20%。可降低聚酯和环氧树脂的吸水性,提高耐磨性。经 600 ℃煅烧、研磨后可用作聚氯乙烯填充剂,可改善塑料的电绝缘性能。但煅烧陶土质硬、难以磨细,复合材料的表面光滑度不及碳酸钙好。经 1000 ℃煅烧后的陶土因质硬、难磨细、电绝缘性降低,不宜作塑料的填充剂。在储存陶土时需防潮(因有吸湿性)。陶土的吸增塑剂量大于碳酸钙。

（3）云母。云母属于铝硅酸盐矿物,具有连续层状硅氧四面体构造。云母分为三类:白云母、黑云母和锂云母。云母多为单斜晶系,呈叠板状或书册状晶形,发育完整的为具有六个晶体面的菱形或六边形,有时形成假六方柱状晶体。在塑料工业中广泛使用的有以下几种。

白云母:化学式为 $KAl_2(AlSi_3O_{10})(OH)_2$,其中含 SiO_2 45.2%、Al_2O_3 38.5%、K_2O 11.8%、H_2O 4.5%。白色、浅黄色、浅棕色或玫瑰红色,薄片透明,密度 2.76～3.1 $g \cdot cm^{-3}$,硬度 2.0～2.5。

黑云母:化学成分为 $KMg_3(AlSi_3O_{10})(F,OH)_2$,其中含 K_2O_7 约 10.3%、MgO 为 21.4%～29.4%、Al_2O_3 10.8%～17%、SiO_2 为 38.7%～45%、H_2O 为 0.3%～4.5%,黑色、深棕色或深绿色,密度 2.8～3.2 $g \cdot cm^{-3}$,硬度 2.5～3.0。

金云母:也称镁云母,黄色至深棕色。云母具有优良的耐热、耐酸碱性和电气绝缘性。云母粉也易与树脂混合。

（4）滑石。化学组成为 $Mg_3[Si_4O_{10}](OH)_2$,晶体属三斜晶系的层状结构硅酸盐矿物。白色或淡黄色,单斜晶,常呈片状、鳞片状或致密块状集合体。玻璃光泽,片状解理极完全。滑石有滑腻感,极软,化学性质不活泼,耐火性和电绝缘性均良好。

（5）硅酸钙。硅酸钙也可称为硅灰石,用于提高热固性树脂、PVC、聚烯烃、尼龙和环氧树脂的耐化学、耐湿性能,降低成型收缩率,并有优良的尺寸稳定性、韧性、硬度、电和热的绝缘性。

（6）中空微球。中空微球可由熔体喷射法、直接加热发泡法、发泡剂发泡法、芯材分解法、加热炭化法、烟囱灰回收法等多种方法制成。

4. 氧化硅类

（1）硅藻土。硅藻土是由硅藻的硅质细胞壁组成的一种生物化学沉积岩,其主要成分为 SiO_2。浅黄色或浅灰色,质软,多孔而轻,易磨成粉末,有强吸水性,溶于强碱溶液,是绝热、声、电的材料。能为涂料提供优异的表面性能,如增容、增稠以及提高附着力。具有大的孔体积,能使涂膜缩短干燥时间。

（2）石英。石英是硅的氧化物之一,其化学组成为 SiO_2,三方晶系。以六方柱和六方双锥形晶体,透明、半透明或不透明,晶面有玻璃光泽。无解理、贝壳断口。断口有类似油脂光泽。塑料工业中作填充剂用的一般是石英粉。

（3）硅石。硅石在自然界中分布很广,是硅质原料的统称,有石英砂岩、石英岩、脉石英、交代硅质角岩和石英砂等。矿物成分主要为石英(晶质 SiO_2)和玉髓(隐晶质 SiO_2)。为块状或粒状集合体,三方晶系,六方柱晶形,呈白色或无色。耐热、耐化学品性能很好,热膨胀系数低,电绝缘性能好。

（4）白炭黑(也称胶体二氧化硅、水合二氧化硅、气相二氧化硅)。气相法白炭黑全部是纳米二氧化硅,产品纯度可达 99%,粒径可达 10～20 nm,但制备工艺复杂,价格昂贵。沉淀法白炭黑又分为传统沉淀法白炭黑和特殊沉淀法白炭黑,前者是指以硫酸、盐酸、CO_2 与水玻璃为基本原料生产的二氧化硅,后者采用超重力技术生产。白炭黑为白色无定形细微粉末,折光率 1.46,粒径及含水量随制法不同而异。白炭黑绝缘性好,不溶于水和酸,溶于苛性碱及氢氟酸,受高温不分解,吸水性强,空气中易潮解,性能与炭黑类似,但呈白色,在空气中吸收水分后成为聚集的细粒子。

　　(5) 金属氧化物(主要有二氧化钛,又名钛白粉)。二氧化钛具有良好耐光性,在塑料工业应用中主要作为白色颜料使用,尤其在聚氯乙烯配方中二氧化钛的百分含量可达 50%。

　　此外,如氧化锌、三氧化二锑也是白色粉状,与二氧化钛一样,也是具有填充剂作用的白色颜料。

5.2.2　催化剂及其载体

1. 催化剂

　　催化剂又称触媒,是一类能改变化学反应速率而在反应中自身并不消耗的物质。根据国际纯粹与应用化学联合会(IUPAC)于 1981 年提出的定义,催化剂是一种物质,它能够改变反应的速率而不改变该反应的标准吉布斯(Gibbs)自由能。这种作用称为催化作用。涉及催化剂的反应为催化反应。其作用通常是加速反应,例如铁催化剂可使氮和氢转变为氨的反应大为加速,使合成氨工业成为可能。催化剂可以是气态物质(如氧化氮)、液态物质(如酸、碱、盐溶液)或固态物质(如金属、金属氧化物),还有些以胶体状态存在的物质(如生物体内的酶)。催化剂工业的主要产品是固体催化剂。常见的催化剂列于表 5-1。

表 5-1　催化剂的分类

材质	催化剂	实例
金属	铁	合成氨
	镍	油脂的催化加氢制硬化油
	铂、钯	汽车尾气处理
	铂	氨的催化氧化
	银	甲醇催化氧化制甲醛
金属氧化物	氧化铬	丁烷脱氢制丁烯
	氧化钒	二氧化硫氧化制三氧化硫
	氧化铝	乙醇脱水生成乙烯
	氧化铜、氧化铬	油脂加氢制高级脂肪醇

续表

材质	催化剂	实例
硫化物	硫化钼 硫化钨 硫化钴 硫化镍	石油加氢裂化、加氢精制、加氢脱硫
酸、碱、盐	硅酸铝	石油裂化
	分子筛	间二甲苯异构化生成对二甲苯
	三氯化铝	乙烯与苯生成乙苯
	固体磷酸	乙烯水化法生成乙醇
	氢氧化钠	丙酮缩合生成二丙酮醇
配合物	铑配合物	甲醇羰基化制乙酸
	烷基铝-三氯化钛和氯化镁载体	丙烯聚合制聚丙烯

2. 催化剂载体

催化剂又称担体(support),是负载型催化剂的组成之一。催化活性组分担载在载体表面上,载体主要用于支持活性组分,使催化剂具有特定的物理性状,而载体本身一般并不具有催化活性。通过机械加工使载体具有合适的形状、尺寸和机械强度,以符合工业反应器的操作要求;常用的催化剂载体有氧化铝载体、硅胶载体、活性炭载体及某些天然产物如浮石、硅藻土等。作为载体,通常要求具有较大的比表面积、一定空隙,以达到分散催化剂的作用,如将铂负载于活性炭上。若用分子筛为载体,铂可达到接近于原子级的分散度。载体还可阻止活性组分在使用过程中烧结,提高催化剂的耐热性。对于某些强放热反应,载体使催化剂中的活性组分稀释,以满足热平衡要求。良好热导率的载体,如金属、碳化硅等,有助于移去反应热,避免催化剂表面局部过热。载体又可将某些原来用于均相反应中的催化剂负载于固体载体上制成固体催化剂,如磷酸吸附在硅藻土中制成的固体酸催化剂、酶负载在载体上制成的固定化酶。

目前,国内外研究较多的催化剂载体有 SiO_2、Al_2O_3、玻璃纤维网(布)、空心陶瓷球、海砂、层状石墨、空心玻璃珠、石英玻璃管(片)、普通(导电)玻璃片、有机玻璃、光导纤维、天然黏土、泡沫塑料、树脂、木屑、膨胀珍珠岩、活性炭等。

3. 催化剂制备方法

制造催化剂的每一种方法实际上都是由一系列的操作单元组合而成。为了方便,人们把其中关键且具有特色的操作单元的名称定为制造方法的名称。传统的方法有机械混合法、沉淀法、浸渍法、溶液蒸干法、热熔融法、浸溶法(沥滤法)、离子交换法等,近十年来发展的新方法有化学键合法、纤维化法等。

1) 机械混合法

将两种以上的物质加入混合设备内混合。此法简单易行,例如转化-吸收型脱硫剂的制备,是将活性组分(如二氧化锰、氧化锌、碳酸锌)与少量黏结剂(如氧化镁、氧化钙)的粉料按计量连续地加入一个可调节转速和倾斜度的转盘中,同时喷入计量的水。粉料滚动混合黏结,形成均匀直径的球体,此球体再经干燥、焙烧即为成品。乙苯脱氢制苯乙烯的 Fe-Cr-K-O 催化剂,是由氧化铁、铬酸钾等固体粉末混合压片成型、焙烧制成的。利用此法时应重视粉料的粒度和物理性质。

2) 沉淀法

沉淀法用于制造要求分散度高并含有一种或多种金属氧化物的催化剂。在制造多组分催化剂时,适宜的沉淀条件对于保证产物组成的均匀性和制造优质催化剂非常重要。通常的方法是在一种或多种金属盐溶液中加入沉淀剂(如碳酸钠、氢氧化钙),经老化、过滤、洗涤、干燥、成型、焙烧、活化等工序制得催化剂或催化剂载体。根据沉淀的组分和物相的多少分为单组分沉淀法、多组分共沉淀法、均相沉淀法、超均相沉淀法、导晶沉淀法、配位(共)沉淀法。沉淀法的优点:①金属盐选择不受限制,可用较价廉的硫酸盐,硫酸根易除去;②易于制备高含量、高分散负载催化剂;③催化剂的粒子大小、比表面、孔径可控;④采取合适的沉淀剂,可制备不同晶形的催化剂,提高催化效率。其缺点也较明显:①操作复杂,步骤较多,技术要求较高,产品重现性差;②洗涤液用量大,成本高;③效率低。

3) 浸渍法

浸渍法是将活性组分(含助催化剂)以盐溶液形态浸渍到多孔载体上并渗透到内表面上而形成一种高效催化剂。该方法的载体具有大量的细孔,因此,金属盐不仅在表面,而主要是渗透到孔隙的内表面上的。这些金属和金属氧化物的盐类被均匀分布在载体中,经加热分解及活化后即得到高度分散的载体催化剂,大大提高了催化效率。其中贵金属(如铂、金、锇、铱以及镍系、钴系等)的催化剂制备常用此法,其金属含量通常在 1% 以下。另有一种方法是将球状载体装入可调速的转鼓内,然后喷入含活性组分的溶液或浆料,使之浸入载体中或涂覆于载体表面。

4) 喷雾蒸干法

用于制备颗粒直径为数十微米至数百微米的流化床用催化剂。例如,间二甲苯流化床氨化氧化制间二甲腈催化剂,先将给定浓度和体积的偏钒酸盐和铬盐水溶液充分混合,再与定量新制的硅凝胶混合,泵入喷雾干燥器内,经喷头雾化后,水分在热气流作用下蒸干,物料形成微球催化剂,从喷雾干燥器底部连续引出。

5) 热熔融法

热熔融法是制备某些催化剂的特殊方法,适用于少数不得不经过熔炼过程的催化剂,为的是借助高温条件将各个组分熔炼成为均匀分布的混合物,配合必要的后续加工,可得性能优异的催化剂。这类催化剂常有高的强度、活性、热稳定性和很长的使用寿命。主要用于制备氨合成所用的铁催化剂,是将精选磁铁矿与有关的原料在高温下熔融、冷却、破碎、筛分,然后在反应器中还原制得的。

　　6) 浸溶法

　　浸溶法是从多组分体系中用适当的液态药剂(或水)抽去部分物质,制成具有多孔结构的催化剂。例如骨架镍催化剂的制备,将定量的镍和铝在电炉内熔融,熔料冷却后成为合金。将合金破碎成小颗粒,用氢氧化钠水溶液浸泡,大部分铝被溶出(生成偏铝酸钠),即形成多孔的高活性骨架镍。

　　7) 离子交换法

　　某些晶体物质(如合成沸石分子筛)的金属阳离子(如 Na^+)可与其他阳离子交换。将其投入含有其他金属(如稀土族元素和某些贵金属)离子的溶液中,在控制的浓度、温度、pH 条件下,使其他金属离子与 Na^+ 进行交换。由于离子交换反应发生在交换剂表面,贵金属铂、钯等以原子状态分散在有限的交换基团上,从而得到充分利用。此法常用于制备裂化催化剂,如稀土-分子筛催化剂。

　　8) 发展中的新方法

　　(1) 化学键合法。近十年来此法大量用于制备聚合催化剂,其目的是使均相催化剂固态化。能与过渡金属络合物化学键合的载体表面有某些官能团(或经化学处理后接上官能团),如—X、—CH$_2$X、—OH 基团,将这类载体与膦、胂或胺反应,使之膦化、胂化或胺化,然后利用表面上磷、砷或氮原子的孤电子对与过渡金属络合物中心金属离子进行配位络合,即可制得化学键合的固相催化剂,如丙烯本体液相聚合用的载体——齐格勒-纳塔催化剂的制备。

　　(2) 纤维化法。用于含贵金属的载体催化剂的制备。例如,将硼硅酸盐拉制成玻璃纤维丝,用浓盐酸溶液腐蚀,变成多孔玻璃纤维载体,再用氯铂酸溶液浸渍,使其载以铂组分。根据实用情况,将纤维催化剂压制成各种形状和所需的紧密程度,如用于汽车排气氧化的催化剂可压紧在一个短的圆管内。如果不是氧化过程,也可用碳纤维。纤维催化剂的制备工艺较复杂,成本高。

5.2.3　无机功能材料

1. 特殊用途的活性材料

　　特殊用途的活性材料是指具有某种特定用途或特定功能的一类材料。常见的具有特殊用途的活性无机材料有电解二氧化锰、活性氧化铝等。

2. 无机膜

　　无机膜是相对有机膜而言的,以无机材料作为基础加工成膜,因而称为无机膜。随着膜技术及其应用的进一步发展,人们对膜使用条件提出了越来越高的要求,有些显然是高分子膜材料所无法满足的,因此,耐高温的无机膜日益受到人们的重视。无机膜是固态膜的一种,是由无机材料,如金属、金属氧化物、陶瓷、多孔玻璃、沸石、无机高分子材料等制成的半透膜。与有机膜相比,无机膜具有以下优点:

(1) 热稳定性好,耐高温,一般可以在 400 ℃下使用,最高可达 800 ℃以上,不老化,寿命长。

(2) 化学稳定性好,耐有机溶剂,耐酸碱,抗微生物侵蚀。

(3) 机械强度大,担载无机膜可承受几十个大气压的外压,并可反向冲洗。

(4) 净化操作简单、迅速,价格便宜,保存方便。

(5) 孔径分布窄,分离效率高。

目前,从技术上看,无机膜还存在如下缺点:

(1) 生产成本高,制备技术难度大。

(2) 无机膜易脆裂,给膜的成型加工及组件装备带来一定的困难。

(3) 膜器安装因密封的缘故,使其性能不能得到充分利用。

无机膜种类繁多、性质各异,一般可以根据其表层结构分为致密膜和多孔膜两大类(表 5-2)。

表 5-2　无机膜的类型

根据表层结构分类	根据膜材料分类	实例
致密膜	致密金属膜 致密固体电解质膜 致密"液体充实固定化"多孔载体膜 动态原位形成的致密膜	Pd 及 Pd 合金膜,Ag 及 Ag 合金膜 氧化锆膜,复合固体氧化物膜
多孔膜	多孔金属膜 多孔陶瓷膜 分子筛膜	多孔不锈钢膜,多孔 Ti 膜、Ni 膜,多孔 Ag 膜、Pd 膜 Al_2O_3 膜,SiO_2 膜,多孔玻璃膜,ZrO_2 膜,TiO_2 膜

根据 IUPAC 制定的标准,多孔无机膜按孔径范围可分为三大类:粗孔膜(孔径大于 50 nm)、过渡孔膜(孔径介于 2~50 nm)和微孔膜(孔径小于 2 nm)。目前已经工业化的无机膜均为粗孔膜和过渡孔膜,处于微滤和超滤之内,而微孔膜尚在实验室研制阶段。这种孔径接近分子尺度的微孔膜在气体分离以及膜催化反应领域有着广泛的应用前景,成为当前研究和开发的热点。多孔膜的渗透率较致密膜要高,但选择性较低,它们各具特点,相辅相成,适用于不同的应用领域。

根据结构特点,无机膜又可分为非担载膜和担载膜。有工业应用价值的主要是担载膜,非担载膜主要是用于研究和实验室小规模应用。此外,从制膜材料上讲,膜又可以分为金属膜、合金膜、陶瓷膜、高分子金属配合物膜、分子筛复合膜、沸石膜、玻璃膜等。

　　3. 无机离子交换剂

　　凡是能够进行离子交换的非有机物质都称为无机离子交换剂。无机离子交换剂是一类含有水的钠、钙以及钡、锶、钾等硅铝酸的盐类物质。各种无机离子交换剂(包括泡沸石)在元素分离上的应用日趋广泛,不仅对碱金属化合物与碱土化合物的精制比有机离子交换树脂更为有效,而且对金、银、铊、铂系金属、锕系元素的分离也起着重要作用。此外,在核裂变物质的分离与分析、工业污水处理中也经常使用无机离子交换剂。

　　无机离子交换剂与有机高分子交换树脂相比较,具有以下几个特征:①制法简单,成本低廉;②对被吸附物质的选择性,远比有机高分子交换剂的高,所以可用于性质相似的化学物质的分离;③有良好的耐热性与强的抗放射性辐射的性能。作为无机交换剂,必须具备以下几个条件:①必须不溶于水;②在较大的 pH 范围内不被酸或碱所溶解或分解;③通过改变其类型,如 Na-型、H-型等以及选择适当的交换条件,可以突出其对某物质的选择性;④耐磨损,可以制成较大颗粒。常见的无机离子交换剂如下:

　　1) 泡沸石

　　泡沸石可以分为七类。每大类中的各种泡沸石的晶体均具有类似的晶胞,例如第七大类中的 Faujaste、Linde A、Z. K-5 和 Paulingite 均以去顶的八面体和去顶的四面体作为其基本结构。这样的结构使泡沸石晶体中含有具有一定孔径的孔穴。它只能让与它相对应的强或弱极性分子进入并将其吸附,这样就使其吸附具有选择性。和其他无机离子交换剂一样,泡沸石的孔径也是可调的。例如 Linde X 为 Na-型时,其孔径为 1 nm。若将其放入交换柱中,在 60~70 ℃下用 KNO_3 淋洗 10 h,就变成了 K-型的 Zeolite X。因为半径较小的 Na^+ 被半径较大的 K^+ 所取代,孔径就变为 0.7 nm。用泡沸石的离子交换反应来调节其孔径,再利用不同孔径的泡沸石来吸入不同直径的分子或离子,因此泡沸石被称为分子筛。当然,即使用泡沸石筛选各种有机物,也是建立在离子交换基础上的。合成泡沸石至少要用四种原料:强碱性氢氧化物或混合碱、硅酸盐、铝酸盐(或镓酸盐)、水。泡沸石中的可交换的离子在合成时由碱提供。在合成时必须掌握好结晶的温度与时间。例如,当 Na_2O/Si_2O、Si_2O/Al_2O_3 和 H_2O/Na_2O 分别为 0.335~0.4、7~40、12~120 时,在室温下反应 24 h 得 Zeolite Y,加热到 90~100 ℃时,48 h 后得 Y、B、C 的混合物,96 h 后为 100% 的 Linde B。

　　泡沸石广泛用作气体或液体的干燥剂,也用于石油的脱水与脱硫。作干燥剂时用 0.3 nm、0.4 nm 孔径的,脱硫时用 0.3 nm、0.4 nm、0.5 nm 的均可。例如用 Na-型 Zeolite A(孔径 0.4 nm)或 K-型 Zeolite A(0.3 nm)可吸附己烷(临界半径为 0.46 nm)和环己烷(0.6 nm)中的水,干燥效能比 Al_2O_3 和硅胶好。在无机物合成分离与提纯上,用 Na-型 Zeolite Y 可将合成 SiH_4 中的杂质总含量降到 0.02 ppm

以下。100 kg 泡沸石一次可处理 260 m³ SiH_4。交换剂可用加热法使其再生。在同位素分离上,可用 Co、Na 型 Zeolite A 分离反应产物中的 H_2 与 D_2,也可用 Na-型 Zeolite A 或 X,同时可用 Zeolite 分离锂的同位素。泡沸石还可用于空气中惰性气体的提纯、海水中 K^+ 的回收以及污水处理。

2) 磷酸锆、磷酸钛及其类似化合物

磷酸锆是以 ZrO_2 为骨架构成的层状离子交换剂。交换基为 PO_4^{3-} 或 $H_2PO_4^-$,吸附在交换基上的 H^+、Na^+ 或其他阳离子为可交换离子。结构中的锆可全部或部分被钛、铪、钍、锡等所取代,磷可被钨或钼所取代。

磷酸锆有几种变体:α-Z. P.,其组成为 $Zr(HPO_4)_2 \cdot H_2O$,层间空隙为 0.755 nm;γ-Z. P.,其组成为 $Zr(HPO_4)_2 \cdot 2H_2O$,层间距离为 1.22 nm;β-Z. P.,即无水 γ-Z. P.,层间距离为 0.94 nm。这些 Z. P. 的孔隙的大小是可以通过改型加以调节的。例如用 0.5 mol·L^{-1} 的 Na_2HPO_4 淋洗以上 Z. P.,就可得到其孔径已发生相应变化的 Na-型 Z. P.。制备 α-Z. P. 时,可采用 $ZrOCl_2$ 与 Na_2HPO_4 在浓 HCl 中反应,也可采用 $ZrOCl_2$ 与 H_3PO_4 直接反应的方法,制出的 Z. P. 为玻璃状沉淀物。先用水洗去沉淀物中所含的无机盐,再洗至洗液呈微酸性,然后烘干并趁热放入水中,裂成碎片,筛分后,可得一定粒径的交换剂。Z. P. 的其他变体可用改变反应时间、反应物混合比以及反应温度来制取。钛、磷及其类似化合物可用类似的方法制取。这类化合物的一个特点就是很难溶于酸,且不耐碱的腐蚀,故使用时介质应保持酸性。

常用的磷酸锆为 H-型或 Na-型。现将其对不同离子的选择性列于表 5-3。

表 5-3　常用的磷酸锆对不同离子的选择性

PO₄/Zr	类型	对离子的吸附率/%（静态）			
		K^+	Na^+	Mg^{2+}	Ca^{2+}
0.5∶1	Na-型	75	—	6	64
0.5∶1	H-型	61	—	10	30
Amberite	H-型	30	10	26	20

由表 5-3 可看出,用 Na-型的 Z. P. 分离以上几种离子的效果不好。

在制备 Cs 中用 Z. P. 提纯也十分方便。在 Li^+、Na^+、K^+、Rb^+、Cs^+ 被吸附以后,可先用 1 mol·L^{-1} 的 NH_4Cl 溶液将 Li^+、Na^+、K^+、Rb^+ 洗去,最后用饱和的 NH_4Cl 溶液将 Cs^+ 洗出。在 Cu^{2+}、Ag^+、Au^{3+} 的制备和提纯时,使溶液通过用 Z. P. 装成的交换床,Au^{3+} 不被吸收,而 Cu^{2+}、Ag^+ 则被吸附。先用 0.1 mol·L^{-1} 的 HCl 洗出 Cu^{2+},再用 4 mol·L^{-1} 的 NH_3-NH_4Cl 溶液洗出 Ag^+。分离碱土金属离子时,用 Z. P. 床吸附 Mg^{2+}、Ca^{2+}、Sr^{2+}、Ba^{2+} 后,依次用在 0.014 mol·L^{-1} 的 $(NH_4)_2SO_4$ 中加入 60% CH_3OH 的混合溶液洗出 Mg^{2+},0.2 mol·L^{-1} NH_4NO_3 + 0.005 mol·L^{-1} HNO_3 的混合溶液洗出 Ca^{2+},用 1 mol·L^{-1} 的 NH_4NO_3 溶液洗

出 Sr^{2+}，最后用浓 NH_4NO_3 洗出 Ba^{2+}。此外，还可用 Z.P. 分离和提纯 Li^+、Pd^{2+}、Rh、Ru 及其他元素。

3）杂多酸盐

杂多酸盐是由两种不同的无机酸酐酸化后缩合脱水制备的一类聚合态阴离子化合物，杂多负离子是大体积的纳米级金属簇，其直径通常为 $1\sim 5$ nm。平衡电荷的离子由于体积小，很少与特定的杂多负离子结合，大多是被几个杂多负离子所共有。典型的杂多酸盐如磷钼酸铵（AMP）、磷硅酸铵（ASP）、磷钨酸铵（AWP）、硅钨酸盐等，以及杂多酸与水合氧化锆的伴生物，如磷钨酸锆（ZWP）、硅磷酸锆（ZSP）等，均可用作离子交换剂。AMP 即 $(NH_4)_3[P(Mo_{12}O_{40})]$，由 12 个 MoO_3 八面体组成一个空心球，PO_4^{3-} 位于球的中心。NH_4^+ 与 H_2O 分子在晶体内被安放在大的球状阴离子 $[P(Mo_{12}O_{40})]^{3-}$ 之间的空隙内。因为大球之间的空隙大，可设想被安放在这些空隙中的阳离子越大，就结合得越牢固。所以 AMP 与碱金属离子进行交换时，重碱金属首先被吸附。制备 AMP 和其他杂多酸盐的方法在文献中有不少介绍，不过用所介绍的方法制出的 AMP 颗粒太小，不宜用于柱式交换。为了制取大粒径的 AMP，可将 MoO_3 与 H_3PO_4 先制成游离磷钼酸（MPA），再将其 HCl 中蒸干。这样得出的即是大颗粒的 MPA，其晶形与 AMP 一样。将其浸泡在 NH_4NO_3 溶液中，就可得到 AMP 的大晶体。可用类似的方法制取 AWP 与 AWS。ZSP 与 ZWP 的制取：将 $ZrOCl_2$ 溶入 $1\ mol \cdot L^{-1}$ 的 HCl 中，然后与 Na_2SiO_3 溶液和 H_3PO_4 溶液充分混匀，静置过夜，洗去沉淀物中所含的 Cl^-，于 60 ℃烘干后，放入水中炸裂成小粒，即为可供使用的 ZSP。所用的原料混合比必须是 Zr：Si 为 1：3。制取 ZWP 的方法与之基本相似，使 $ZrOCl_2$、Na_2WO_4 与 H_3PO_4 直接反应，原料混合比为 Zr：W：P 为 1：2：3。如果以 1：1：1 进行合成，则 ZWP 沉淀较难形成。以上的这些交换剂均不耐碱腐蚀，也不溶于酸，因此交换过程应在偏酸性介质中进行。现将伴生性交换剂的一些性质列于表 5-4。

表 5-4　伴生性交换剂的性质

品名	配方	颜色
ZSP	Zr：Si：P＝1：3：1	白
ZWP	Zr：W：P＝1：2：3	白
ZMP	Zr：Mo：P＝2：1：1	绿

在制备 Sr^{2+}、Cs^+、Y^{3+} 时，用 ZWP 分离和提纯，先用 $3\ mol \cdot L^{-1}$ 的 HCl 溶液从柱上洗出 Sr^{2+}，再用 $6\ mol \cdot L^{-1}$ HCl 溶液洗出 Y^{3+}，最后用 $6\ mol \cdot L^{-1}$ 的 NH_4Cl 溶液洗出 Cs^+。在轻稀土的制备过程中，用 AWS 分离，用 $0.1\sim 1.0\ mol \cdot L^{-1}$ 的 HNO_3 溶液分级淋洗，可将 La^{3+}、Ce^{3+}、Eu^{3+}、Sr^{2+}、Y^{3+} 与 UO_2^{2+} 分别依次洗出，分离效果良好。

4）水合氧化物

合成钛、锆、铌、锡、钍、硅、铝等的水合氧化物是另一类无机离子交换剂。这些氧化物具有两性氢氧化物的性质。酸式离解作阳离子交换剂，以 H^+ 与水中的其他阳离子进行交换。例如水合氧化钛在作阳离子交换剂时，可将其组成写成 $H[Ti_2O_5H]$。经改性可得到如 H-型、Na-型、NH_4-型等。碱式离解作阴离子交换剂，以 OH^- 与水中其他阴离子进行交换，主要有 OH^- 型、Cl^- 型、NO_3^- 型等。当水溶液的 pH 大于此类水合物等电点的 pH 时才能用作离子交换剂。钛、锆、铌等的水合氧化物可由其盐类的水溶液与氨水或 NaOH 的水溶液反应制备。例如，NaOH 或氨水与 $0.1\ mol \cdot L^{-1}$ 的 $ZrOCl_2$ 的水溶液作用，可制出水合氧化锆。水合氧化锆的化学性质相当稳定，经 300 ℃ 加热后还有 70% 交换容量。但在干燥时一般不超过 200 ℃，高于 200 ℃ 就会因失去一部分表面水，降低交换容量。相比之下，用 NaOH 制出的交换剂，在吸附 +1 与 +2 氧化态金属离子时，有较高的交换容量。因为用 NaOH 时制备过程中溶液的 pH 较大，水合氧化物形成后可产生较大程度的酸式离解，H^+ 与 Na^+ 交换就形成了 Na-型交换剂，且有较大的孔隙度，因而交换进行较快。交换容量随 pH 的不同而变化，作为阳离子交换剂时，pH 越大，容量也越大；作为阴离子交换剂时，则相反。使用时水溶液的酸度与碱度均不宜过大，以防交换剂溶解。

水合氧化锆对不同二价过渡金属离子的吸附次序分别为 $Ba^{2+} > Ca^{2+} > Mg^{2+} > Cu^{2+} > Cd^{2+} > Zn^{2+} > Co^{2+} > Ni^{2+}$。在分离和提纯稀有金属时，在 pH=1 的条件下提纯 Pd^{2+} 与 Tl^{3+}，Cl^- 与 Pd^{2+}、Tl^{3+} 时，HZO 能有效地对这些过渡元素分开。水合氧化锆对分离阴离子也有优势。例如，用水合氧化锆在 20～30 ℃ 可将工业合成产物中的 NO_3^- 与 H_3BO_3 分开。

5）其他离子交换剂

除了以上讨论的几大类无机离子交换剂外，有些碱式盐也可用作无机离子交换剂。例如，用碱式磷酸钙从饮用水中除去多余的氟就是一个较好的方法。碱式磷酸钙的组成为 $Ca_{10}(PO_4)_6(OH)_2$。它与 $Ca_{10}(PO_4)_6F_2$［即 $3Ca_3(PO_4)_2 \cdot CaF_2$］为类质同晶物。将它作成硬粒放入高氟水中，水中的 F^- 与碱式磷酸钙中的 OH^- 即进行交换而被吸附。吸附是强选择性的，故将水中 F^- 浓度降到 1 ppm 以下，可以防止因饮水中氟量偏高而引起的一系列疾病。用磷肥做成的碱式磷酸钙硬粒机械性能更好，适用于工业规模。交换塔运转一周期后，用 1% 的 NaOH 与 5% 的 NaCl 混合液再生。此方法也可与石灰法合用来处理炼铝厂、玻璃厂、磷肥厂、电子仪器厂及化工厂的含氟工业污水，以保护环境。

4. 无机发光材料

自 1852 年斯托克斯提出发光定则以及 1867 年贝可勒尔对发光的动力学研究开始，至维德曼（1888 年）提出"发光"这个概念后，发光材料得到了长足的发展及应用。1936 年瓦维洛夫把发光期间(余辉)作为发光现象的另一个主要判据以后,确立了发光的科学定义。固体中的发光过程大致分为两大类:分立中心的发光,即发光的全部过程都局限在单个中心的内部(单分子过程);复合发光,即发光过程中经过电离(电子脱离母体或发光中心),电子同电离中心复合而发光(双分子过程)。

固态物质在外界的能量(可见光、紫外线、X 射线和 γ 射线等)或带电粒子束作用下,或者在来自电场或磁场的机械作用,或者化学反应的作用下,其固体发光仍能维持一段时间,称为余辉。根据固体发光持续时间的长短区分为荧光和磷光两种,发光持续时间小于 8~10 s 的称荧光,大于 8~10 s 的称磷光,相应的发光体分别称为荧光体和磷光体。

1) 无机发光材料发光机制与特征

当固体中存在发光中心时,吸收外界能量后才能有效地发光。发光中心通常是由杂质离子或晶格缺陷构成。发光中心吸收外界能量后从基态激发到激发态,当从激发态回到基态时就以发光形式释放出能量。固体发光材料通常是以纯物质作为主体(称为基质),再掺入少量杂质,以形成发光中心,这种少量杂质称为激活剂(发光)。激活剂是对基质起激活作用,从而使原来不发光或发光很弱的基质材料产生较强发光的杂质。有时激活剂本身就是发光中心,有时激活剂与周围离子或晶格缺陷组成发光中心。为提高发光效率,还掺入别的杂质,称为协同激活剂,它与激活剂一起构成复杂的激活系统。例如硫化锌发光材料 $ZnS:Cu,Cl$,ZnS 是基质,Cu 是激活剂,Cl 是协同激活剂。激活剂原子作为杂质存在于基质的晶格中时,与半导体中的杂质一样,在禁带中产生局限能级(杂质能级,见半导体);固体发光的两个基本过程激发与发光直接涉及这些局域能级间的跃迁。固体发光的光谱一般为带状谱,不同激活剂产生不同的光谱带,同一种激活剂的原子在晶格中占据不同位置时,可产生几个发光中心和相应的光谱带。磷光的衰减规律是固体发光的另一个重要特性,磷光体在受激和发射之间常存在一系列中间过程,这些中间过程很大程度上取决于物质的内在结构,并集中表现在磷光的衰减特性上。因此,研究磷光衰减规律对了解物质结构和发光机制具有重要理论意义。在实用上,磷光衰减较快的称短余辉磷光体,衰减较慢的称长余辉磷光体,各用在不同场合。

2) 发光的种类

根据激发方式的不同,固体发光主要分为如下几种。

(1) 光致发光:材料在可见光、紫外线或 X 射线照射下产生的发光。发光波长比所吸收的光波波长要长。这种发光材料常用来使看不见的紫外线或 X 射线转变为可见光,例如日光灯管内壁的荧光物质把紫外线转换为可见光,对 X 射线或 γ 射线也常借助于荧光物质进行探测。另一种具有电子陷阱(由杂质或缺陷形成的类似亚稳态的能级,位于禁带上方)的发光材料在被激发后,只有在受热或红外线照射下才能发光,可利用来制造红外探测仪。

(2) 场致发光:又称电致发光,是利用直流或交流电场能量来激发发光。场致发光实际上包括几种不同类型的电子过程,一种是物质中的电子从外电场吸收能量,与晶格相碰时使晶格离化,产生电子-空穴对,复合时产生辐射;也可以是外电场使发光中心激发,回到基态时发光,这种发光称为本征场致发光。还有一种类型是在半导体的 pn 结上加正向电压,p 区中的空穴和 n 区中的电子分别向对方区域注入后成为少数载流子,复合时产生光辐射,此称为载流子注入发光,亦称结型场致发光。用电磁辐射调制场致发光称为光控场致发光。把 ZnS、Mn、Cl 等发光材料制成薄膜,加直流或交流电场,再用紫外线或 X 射线照射时可产生显著的光放大。利用场致发光现象可提供特殊照明,制造发光管,实现光放大和储存影像等。

(3) 阴极射线致发光:以电子束使磷光物质激发发光。普遍用于示波管和显像管,前者用来显示交流电波形,后者用来显示影像。

(4) 化学发光。在一定条件下,化学反应中释放出来的能量也可激发材料,使材料发光。

(5) 摩擦发光及结晶发光。这是在机械压力下晶体破裂所引起的闪光及晶体从溶液或熔体中生长时的发光。

(6) 生物发光。在生物体内由于生命过程中的变化所产生的发光。

3) 发光的激发方式

固体发光的激发方式是其技术应用的依据,常有如下手段:

(1) 电磁波激发:包括光频、X 射线及 γ 射线等各个波段的电磁波都可激发发光体。近代同步辐射的利用,把光频激发源扩展到短波紫外线,直至和 X 射线波段衔接起来。

(2) 粒子激发:主要是带电粒子,如电子、质子及离子等轰击发光体形成的激发。

(3) 电激发:在发光体内直接将电能转换为光能。电致发光一般要求发光体有足够的导电性。

5.2.4　无机纤维材料

无机纤维是由矿石与焦炭按比例经高温熔融、离心而产出的。矿石是矿渣与硅石的代称。硅石的主要成分为二氧化硅,一般所占的比例达到 90% 以上,硅石中还含有三氧化二铝、三氧化二铁、氧化镁、氧化钙等,但比例都较小。

以矿物质为原料制成的化学纤维主要品种有玻璃纤维、石英玻璃纤维、硼纤维、陶瓷纤维和金属纤维等。

1. 玻璃纤维

玻璃纤维是用玻璃熔体拉制成的纤维,主要成分为二氧化硅、氧化铝、氧化钙,也可以因改性需要加入一些其他成分。玻璃纤维又分硅酸盐玻璃纤维和硼硅酸盐玻璃纤维两大类。硅酸盐玻璃纤维又根据特性分为无碱电绝缘玻璃(E 玻璃)、碱玻璃(A 玻璃)、耐化学玻璃(C 玻璃)、高强玻璃(S 玻璃)、含铅玻璃(L 玻璃)、高弹性模量玻璃(M 玻璃)和低介电玻璃(D 玻璃)等。玻璃纤维常用以下两种方法制造：

(1) 玻璃球法，根据要求的配方制成玻璃小球，剔除次品，而后送入坩埚中熔融，使熔态玻璃从坩埚底部的许多小孔中流出形成丝束。此后将丝束上油并集束，再送到速度高达 2000～5000 m·min^{-1} 的拉丝机卷绕筒上，拉伸而成为玻璃丝。

(2) 直接法，即池窑拉丝法。不需要先制成玻璃球，可以直接将各组分按配比同时投入池窑内熔融，熔态玻璃经澄清后通过窑内数十块拉丝板的小孔流出，再按前述处理工序获得玻璃长丝。此外，也可以采用高压蒸气或压缩空气喷吹刚出喷丝板小孔的玻璃流，将其吹拉成 12～38 cm 长度的短纤维，即玻璃棉。如从快速旋转的容器四周的小孔中甩出玻璃熔液，则可借助离心力使其分散，而后凝固为纤维。

玻璃纤维除有连续的长丝和切成一定长度的短纤维供作织物用之外，近年来又发展了卷曲纤维、空心纤维、麻面纤维和表面涂层纤维等品种。根据用途分为有捻纱、无捻纱、膨体纱、混纺纱、染色纱、导电纱、股线、缝纫线、缆线、轮胎帘子线、毡片和各种织物制品。

玻璃纤维的截面呈圆形，直径在数微米至 20 μm 之间，相对密度 2.4～2.7，有良好的耐热性、耐湿性、阻燃性、耐化学腐蚀性、抗霉、抗蛀、电绝缘性等特点，广泛用于装饰织物、增强复合材料、电绝缘、绝热、化工过滤和环保工程上的吸音材料。玻璃纤维质轻，强度高，耐腐蚀，耐高温，还被用来制造高负荷轮胎帘子线和传送带，在火箭技术、宇航服和人造卫星外壳等方面也得到广泛的应用。

2. 石英玻璃纤维

石英玻璃纤维是以高纯度的晶体石英加工而成的纤维。将石英棒或石英管通过氢氧气吹管的高温，初步熔融成细丝，再通过一排轴向氢氧细吹管将其在软化状态下拉成石英丝，卷绕在金属圆筒网上。所得纤维的直径约为 0.8 μm，最大抗拉强度为 650 kg·mm^{-2}。石英纤维耐酸、耐碱(KOH)，熔点超过 1660 ℃，有良好的绝缘性和回弹性。常用于过滤热酸和腐蚀性气体，也可用于原子能工厂热绝缘和防辐射材料、喷气式飞机机翼和导弹部件等的纤维材料，还可用以制造光导纤维。

3. 硼纤维

一般采用卤化硼还原生成的元素硼，在连续蒸发装置中吸附于载体纤维(金属纤维或化学纤维)上生成的包覆纤维为硼纤维。载体纤维在吸附室的三氯化硼和氢气的混合气流中，于 1000～1200 ℃的温度下徐徐通过，元素硼的蒸气即沉积在载体纤维上。通过调节载体纤维经过沉积室的速度，可获得不同直径的硼纤维。硼纤维质地柔软，直径一般在 100 μm 左右，相对密度 2.62，熔点 2050 ℃。弹性模量比玻璃钢高 5 倍，断裂强度可达 280～350 kg·mm^{-2}。几乎不受酸、碱和大多数有机溶剂的侵蚀，绝缘性良好，有吸收中子的能力。但硼纤维在高温下能与大多数金属发生反应而变脆,使用温度超过 1200 ℃时强力显著下降。硼纤维除制成纺织材料用作宇航服和防火服外,常与金属材料或塑料制成增强复合材料,用作航空、航天器中的耐烧蚀材料和防辐射材料等。

4. 陶瓷纤维

陶瓷纤维主要品种有高岭土纤维、铁矾土纤维、蓝晶石纤维等,成分均为氧化铝和二氧化硅。含有氧化铝和二氧化硅组分的天然矿物在熔炉中熔融后,从炉底小孔中流出,被接近垂直的压缩空气吹拉成极细的纤维。这种纤维有突出的耐热性,在 1260 ℃的高温下仍保持弹性,能抵抗红外线的辐射,有极强的过滤能力,可以过滤直径仅为 0.3 μm 的粒子,特别适用于腐蚀性液体和气体的过滤,绝缘性能好。用它制成的毡是优良的隔热材料,可作为内燃机、喷气发动机和火箭发射台的消音器。

此外,还有石棉纤维、矿渣棉、高硅氧纤维、氧化铝纤维等其他无机纤维。

【思考题】

5-1　无机精细化学品的主要类型有哪些?

5-2　发展无机精细化学品的重要意义是什么?

(刘昌华　张　鹏)

实验 31　碳还原法生产碳酸锶

一、实验目的

了解工业上用碳还原法生产碳酸锶的工艺流程及其产率和产品质量控制方法。

二、预习要求

预习碳酸锶的制备方法及用途。

三、实验原理

硫酸锶在高温下被碳还原为硫化锶,后者溶解于热水,浸出溶液中的锶离子与碳酸根反应形成产品碳酸锶。

$$SrSO_4 + 2C \Longrightarrow SrS + 2CO_2 \uparrow$$

$$Sr^{2+} + CO_3^{2-} \Longrightarrow SrCO_3 \downarrow$$

本实验亦适用于用重晶石制取碳酸钡,产品质量执行 GB 1614—2011。

四、实验器材与试剂

器材:烘箱,分样筛,药物天平,分析天平,马弗炉,瓷坩埚,烧杯(50 mL,

250 mL），长颈漏斗，洗瓶，吸管，天青石，煤，滤纸。

试剂：饱和碳铵溶液。

五、实验内容

1. 备料

将天青石矿石和煤分别研磨过筛（$w = 0.355$ mm 或旧制 40 目）备用。

将滤纸在烘箱中于 110 ℃烘干至恒量，称量 m_1，备用。

2. 装料

称取天青石矿粉 5 g 及煤粉 2.5 g，留少量煤粉后将二者混匀，装填于瓷坩埚中，压实，上部覆盖预留的煤粉，盖上坩埚盖。

3. 焙烧

坩埚置于马弗炉中，于 900 ℃焙烧 1 h。

4. 浸取

焙烧后的熟料立即倾入水中，趁热搅拌浸取三次，每次水量约 40 mL，宜使用热水。每次的上清液倾入安置好的漏斗中过滤。

5. 合成

向滤液中加入饱和碳铵溶液，可见有大量白色沉淀生成，勿搅。待上部澄清后吸取少量液体在小烧杯中，加 1 滴碳铵溶液，若不浑浊，即反应完全。

6. 漂洗

将烘干滤纸安放在漏斗中，过滤产品，并用洗瓶洗涤沉淀三次。

7. 计算产率

将产品连同滤纸置于烘箱中于 110 ℃烘干至恒量，称量 m_2，则产品质量 $m = m_2 - m_1$。

六、扩展实验

网上下载标准 HGT 2969—2010，运用其中的分析方法测定所得产品质量，并对比本标准的规定，判断所得产品的质量。

七、思考题

(1) 查阅资料并结合所学知识分析本实验的原理是否正确,把你的想法写入实验报告中。

(2) 根据产品质量标准,你认为哪些杂质将严重影响产品等级? 如何除杂?

(3) 你认为哪些因素将影响产品产率? 试说明理由并设计出实验方案来验证这些因素的影响程度。

(4) 合成中所需 CO_3^{2-} 可以有多种形式。查阅资料,分析比较不同 CO_3^{2-} 源在成本、环保方面的特点。是否可以实现污染物零排放?

(5) 查阅资料了解本产品还有哪些制备工艺,试比较这些工艺(包括本实验)的优缺点。

(李天安)

实验 32　沸石分子筛的合成及表征

一、实验目的

(1) 学习和掌握 NaA、NaY 和 ZSM-5 分子筛的水热合成方法。

(2) 了解静态氮吸附法测定微孔材料比表面积、微孔体积和孔径分布的原理及方法。

(3) 在 Sorptomatic-1900 吸附仪上测定分子筛样品的比表面积、微孔体积和孔径分布。

二、预习要求

预习沸石分子筛的制备方法。

三、实验原理

1. 沸石分子筛的结构与合成

沸石分子筛是一类重要的无机微孔材料,具有优异的择形催化、酸碱催化、吸附分离和离子交换能力,在许多工业过程,包括催化、吸附和离子交换等过程中有广泛的应用。沸石分子筛的基本骨架元素是硅、铝及与其配位的氧原子,基本结构单元为硅氧四面体和铝氧四面体,四面体可以按照不同的组合方式相连,构筑成各式各样的沸石分子筛骨架结构。

α 笼和 β 笼是 A、X 和 Y 型分子筛晶体结构的基础。α 笼为二十六面体,由六个八元环和八个六元环组成,同时聚成十二个四元环,窗口最大有效直径为 4.5 Å,

笼的平均有效直径为 11.4 Å；β 笼为十四面体，由八个六元环和六个四元环相连而成，窗口最大有效直径为 2.8 Å，笼的平均有效直径为 6.6 Å。A 型分子筛属立方晶系，晶胞组成为 $Na_{12}(Al_{12}Si_{12}O_{48}) \cdot 27H_2O$。将 β 笼置于立方体的八个顶点，用四元环相互连接，围成一个 α 笼，α 笼之间可通过八元环三维相通，八元环是 A 型分子筛的主窗口，见图 5-1(a)。

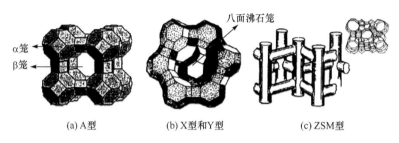

八面沸石笼

α笼
β笼

(a) A型　　　(b) X型和Y型　　　(c) ZSM型

图 5-1　分子筛结构示意图

　　NaA(钠型)平均孔径为 4 Å，称为 4A 分子筛，离子交换为钙型后，孔径增大至约 5 Å，而钾型的孔径约为 3 Å。X 型和 Y 型分子筛具有相同的骨架结构，区别在于骨架硅铝比例的不同，习惯上，把 SiO_2/Al_2O_3 等于 2.2～3.0 的称为 X 型分子筛，而大于 3.0 的称为 Y 型分子筛。类似金刚石晶体结构，用 β 笼替代金刚石结构中的碳原子，相邻的 β 笼通过一个六方柱笼相接，形成一个超笼，即八面沸石笼，由多个八面沸石笼相接而形成 X、Y 型分子筛晶体的骨架结构，见图 5-1(b)；十二元环是 X 型和 Y 型分子筛的主孔道，窗口最大有效直径为 8.0 Å。阳离子的种类对孔道直径有一定影响，如称作 13X 型分子筛的 NaX，平均孔径为 9～10 Å，而称为 10X 型分子筛的 CaX，平均孔径为 8～9 Å，Y 型分子筛的平均孔径随着硅铝比和阳离子种类的不同而变化。ZSM-5 分子筛属于正交晶系，具有比较特殊的结构，硅氧四面体和铝氧四面体以五元环的形式相连，八个五元环组成一个基本结构单元，这些结构单元通过共用边相连成链状，进一步连接成片，片与片之间再采用特定的方式相接，形成 ZSM-5 分子筛晶体结构，见图 5-1(c)。因此，ZSM-5 分子筛只具有二维的孔道系统，不同于 A 型、X 型和 Y 型分子筛的三维结构，十元环是其主孔道，平行于 a 轴的十元环孔道呈 S 形弯曲，孔径为 5.4～5.6 Å，平行于 c 轴的十元环孔道呈直线形，孔径为 5.1～5.5 Å。

　　常规的沸石分子筛合成方法为水热晶化法，即将原料按照适当比例均匀混合成反应凝胶，密封于水热反应釜中，恒温热处理一段时间，晶化出分子筛产品。反应凝胶多为四元组分体系，可表示为 $R_2O-Al_2O_3-SiO_2-H_2O$，其中 R_2O 可以是 NaOH、KOH 或有机胺等，作用是提供分子筛晶化必要的碱性环境或者结构导向的模板剂，硅和铝元素的提供可选择多种多样的硅源和铝源，例如硅溶胶、硅酸钠、正硅酸乙酯、硫酸铝和铝酸钠等。反应凝胶的配比、硅源、铝源和 R_2O 的种类及晶化温度等对沸石分子筛产物的结晶类型、结晶度和硅铝比都有重要的影响。沸石分子筛的晶化过程十分复杂,目前还未有完善的理论来解释,可以粗略地描述分子筛的晶化过程为:当各种原料混合后,硅酸根和铝酸根可发生一定程度的聚合反应,形成硅铝酸盐初始凝胶。在一定的温度下,初始凝胶发生解聚和重排,形成特定的结构单元,并进一步围绕着模板分子(可以是水合阳离子或有机胺离子等)构成多面体,聚集形成晶核,并逐渐成长为分子筛晶体。鉴定分子筛结晶类型的方法主要是粉末 X 射线衍射,各类分子筛均具有特征的 X 射线衍射峰,通过比较实测衍射谱图和标准衍射数据,可以推断出分子筛产品的结晶类型。此外,还可通过比较分子筛某些特征衍射峰的峰面积大小,计算出相对结晶度,以判断分子筛晶化状况的好坏。

2. 比表面积、孔径分布和孔体积测定原理和方法

比表面积、孔径分布和孔体积是多孔材料十分重要的物性常数。比表面积是指单位质量固体物质具有的表面积值,包括外表面积和内表面积;孔径分布是多孔材料的孔体积相对于孔径大小的分布;孔体积是单位质量固体物质中一定孔径分布范围内的孔体积值。等温吸脱附线是研究多孔材料表面和孔的基本数据。一般来说,获得等温吸脱附线后,方能根据合适的理论方法计算出比表面积和孔径分布等。为此,必须简要说明等温吸脱附线的测定方法。

所谓等温吸脱附线,即对于给定的吸附剂和吸附质,在一定的温度下,吸附量(脱附量)与一系列相对压力之间的变化关系。最经典也是最常用的测定等温吸脱附线的方法是静态氮气吸附法,该法具有优异的可靠度和准确度,采用氮气为吸附质,因氮气是化学惰性物质,在液氮温度下不易发生化学吸附,能够准确地给出吸附剂物理表面的信息。基本测定方法如下:先将已知质量的吸附剂置于样品管中,对其进行抽空脱气处理,并可根据样品的性质适当加热以提高处理效率,目的是尽可能地让吸附质的表面洁净;将处理好的样品接入测试系统,套上液氮冷阱,利用可定量转移气体的托普勒泵向吸附剂中导入一定数量的吸附气体氮气。吸附达到平衡时,用精密压力传感器测得压力值。因样品管体积等参数已知,根据压力值可算出未吸附氮气量。用已知的导入氮气总量扣除此值,便可求得此相对压力下的吸附量。继续用托普勒泵定量导入或移走氮气,测出一系列平衡压力下的吸附量,便获得了等温吸脱附线。

获取等温吸脱附线后,需根据样品的孔结构的特性,选择合适的理论方法推算出表面积和孔分布数据。一般来说,按孔平均宽度来分类,可分为微孔(小于 2 nm)、中孔(2～50 nm)和大孔(大于 50 nm),不同尺寸的孔道表现出不同的等温吸脱附特性。对于沸石分子筛而言,其平均孔径通常在 2 nm 以下,属微孔材料。由于微孔孔道的孔壁间距非常小,宽度相当于几个分子的直径总和,形成的势场能要比间距更宽的孔道高,因此表面与吸附质分子间的相互作用更加强烈。在相对

压力很低的情况下,微孔便可被吸附质分子
完全充满。通常情况下,微孔材料呈现Ⅰ型
等温吸附线型,见图 5-2。这类等温线以一个
几乎水平的平台为特征,这是由于在较低的
相对压力下,微孔发生毛细孔填充。当孔完
全充满后,内表面失去了继续吸附分子的能
力,吸附能力急剧下降,表现出等温吸附线的
平台。当在较大的相对压力下,由微孔材料

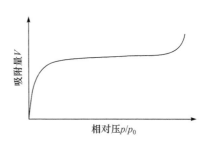

图 5-2　Ⅰ型等温吸附线型

颗粒之间堆积形成的大孔径间隙孔开始发生毛细孔凝聚现象,表现出吸附量有所
增加的趋势,即在等温吸附线上表现出一陡峭的"拖尾"。

由于 BET 方程适用相对压力范围为 0.05~0.3,该压力下沸石分子筛的微孔
已发生毛细孔填充,敞开平面上朗缪尔(Langmuir)理想吸附模型也不合适,均带
来较大误差,目前常采用 D-R 方程来推算微孔材料的比表面积,尽管该法仍不十
分完善。

1947 年,Dubinin 和 Radushkevich 提出了一个由等温吸附线的低中压部分来
描述微孔吸附的方程,即 D-R 方程,他们认为吸附势 A 满足以下方程

$$A = RT\text{In}\left(\frac{p_0}{p}\right)$$

式中,p 为平衡压力,p_0 为饱和压力。引入一个重要的参数 θ ——微孔填充度

$$\theta = \frac{W}{W_0}$$

式中,W_0 为微孔总体积;W 为一定相对压力下已填充的微孔体积。

假设 θ 为吸附势 A 的函数,孔分布为高斯(Gauss)分布,微孔体积与相对气压
有一定关系

$$\lg W = \lg W_0 - D\left[\lg\left(\frac{p_0}{p}\right)\right]^2$$

式中,$D = B\left(\frac{T}{\beta}\right)^2$,$B$ 为吸附剂结构常数。

因此,在一定相对压力范围内以 $\lg W$ 对 $\lg(p_0/p)^2$ 作图,可得到一条直线,截
距值可计算出微孔总体积 W_0。

比表面可通过下式计算得到:

$$S = 2000W_0/L_0$$

式中,L_0 为微孔的平均宽度。微孔孔径和相对压力之间的关系为

$$\ln\left(\frac{p}{p_0}\right)=\frac{K}{RT}\frac{N_1A_1+N_2A_2}{\sigma^4\left[2d-\sigma_1-\sigma_2\right]}\left[\frac{\sigma^{10}}{9\left(\frac{\sigma_1+\sigma_2}{2}\right)^9}-\frac{\sigma^4}{3\left(\frac{\sigma_1+\sigma_2}{2}\right)^3}-\frac{\sigma^{10}}{9\left(2d-\frac{\sigma_1+\sigma_2}{2}\right)^9}-\frac{\sigma^4}{3\left(2d-\frac{\sigma_1+\sigma_2}{2}\right)^3}\right]$$

式中，N_1、N_2、A_1、A_2 分别由吸附数量、吸附质和孔壁原子的极性、直径等决定；d 和 z 分别是微孔半径和吸附质原子与孔心的间距，σ 由二者决定。

四、实验器材与试剂

器材：SORPTOMATIC 1900 型比表面和孔径分析仪，磁力搅拌器，机械搅拌器，电热烘箱，马弗炉，水热反应釜。

试剂：氢氧化钠，硫酸铝，25%硅溶胶，硅酸钠，四丙基溴化铵（TPABr）。

五、实验内容

1. 分子筛的制备

1）NaA 型分子筛

反应胶配比为 Na_2O：SiO_2：Al_2O_3：$H_2O=4:2:1:300$。具体实验步骤为在 250 mL 的烧杯中，将 13.5 g NaOH 和 12.6 g $Al_2(SO_4)_3 \cdot 18H_2O$ 溶于 130 mL的去离子水中，在磁力搅拌状态下，用滴管缓慢加入 9 g 25%的硅溶胶，充分搅拌约 10 min，所得白色凝胶转移入洁净的不锈钢水热反应釜中，密封，放入恒温 80 ℃的电热烘箱中，6 h 后取出。将反应釜水冷至室温，打开密封盖，抽滤洗涤晶化产物至滤液为中性，移至表面皿中，放在 120 ℃的烘箱中干燥过夜，取出并称量后置于硅胶干燥器中存放。

2）NaY 型分子筛

NaY 型分子筛的制备需在反应胶中添加 Y 型导向剂，提供 Y 型分子筛晶体成长的晶核，才能高选择性地完成晶化过程。Y 型导向剂反应胶配比为 Na_2O：SiO_2：Al_2O_3：$H_2O=16:15:1:310$。具体实验步骤为在 250 mL 的烧杯中，将 18.4 g NaOH 溶解于 42.6 mL 的去离子水中，冷却后，在搅拌状态下缓慢注入 60 mL硅酸钠溶液（SiO_2 浓度为 5 mol·L^{-1}，Na_2O 浓度为 2.5 mol·L^{-1}），然后用滴管缓慢滴加 20 mL 的 1 mol·L^{-1}硫酸铝溶液，均匀搅拌 30 min，室温下陈化 24 h 以上。

反应胶最终配比为 Na_2O：SiO_2：Al_2O_3：$H_2O=4.5:10:1:300$，导向剂含量为 10%（以 SiO_2 物质的量为参比）。具体实验步骤为在 250 mL 的烧杯中，将 8.2 g NaOH 溶解于 50 mL 去离子水中，冷却后分别加入 16.7 g Y 型导向剂和 40.8 g 25%硅溶胶，均匀搅拌 10 min，在强烈机械搅拌状态下，用滴管缓慢加入 18 mL 1 mol·L^{-1}硫酸铝溶液，充分搅拌约 10 min，所得白色凝胶转移入洁净的不锈钢水热反应釜中,密封,送入恒温 90 ℃的电热烘箱中,24 h 后取出。将反应釜水冷至室温,打开密封盖,抽滤洗涤晶化产物至滤液为中性,移至表面皿中,放在 120 ℃烘箱中干燥过夜,取出并称量后置于硅胶干燥器中存放。

3) ZSM-5 分子筛

ZSM-5 分子筛的合成体通常含有有机胺模板剂,模板剂对形成特定晶体结构的分子筛有诱导作用。反应胶配比为 Na_2O ∶ SiO_2 ∶ Al_2O_3 ∶ TPABr ∶ H_2O = 6 ∶ 60 ∶ 1 ∶ 8 ∶ 4000。具体实验步骤为在 150 mL 烧杯中将 1.2 g NaOH、3.5 g 四丙基溴化铵和 1.1 g $Al_2(SO_4)_3$ • $18H_2O$ 溶解在 100 mL 去离子水中,然后加入 24 g 25％硅溶胶,充分搅拌约 20 min,所得白色凝胶转移入洁净的不锈钢水热反应釜中,密封,送入恒温 180 ℃电热烘箱中,72 h 后取出。将反应釜水冷至室温,打开密封盖,抽滤洗涤晶化产物至滤液为中性,转移到表面皿中,放在 120 ℃烘箱中过夜。将干燥样品移至瓷坩埚,放入马弗炉中于 650 ℃焙烧 8 h 以除去有机模板剂,取出并称量后置于硅胶干燥器中存放。

2. 分子筛表征

将煅烧后的分子筛做 XRD 测试,测量其比表面积、孔径分布及大小。

六、思考题

(1) 进行等温吸附线测试前,为何要对样品抽真空及加热处理? 将样品管从预处理口转移至测试口时,应注意些什么?

(2) 比较 NaA、NaY 和 ZSM-5 沸石分子筛等温吸附线形状的差异,确定其为第几类等温吸附线型,并简要分析比表面积和微孔体积大小与等温吸附线之间的关联。

(3) 比较 NaA、NaY 和 ZSM-5 沸石分子筛晶体主窗口的理论直径和实测平均孔径的大小顺序,并试说明二者的区别。

(张　鹏　刘昌华)

实验 33　卤水-氨水法制备氢氧化镁阻燃剂

一、实验目的

(1) 学会用卤水-氨水法制备氢氧化镁阻燃剂。

(2) 学会采用络合滴定法标定卤水中钙镁的含量,同时考察氨水与镁离子物质的量比、反应温度对氢氧化镁阻燃剂产率的影响。

（3）学会对氢氧化镁进行红外光谱分析的基本方法。

二、预习要求

阻燃剂是能够提高易燃或可燃物的难燃性、自熄性或消烟性的一种助剂。阻燃防灾呼声的日益高涨及阻燃法规的日趋完善，促进了阻燃剂的研究开发和生产应用。

查阅资料，了解阻燃剂种类、阻燃机理、使用方法或场合、制备技术，了解并比较氢氧化镁阻燃剂不同制备方法的工艺步骤、产品质量、成本核算以及排污等情况，分析本实验工艺的优缺点。

三、实验原理

氢氧化镁是一种应用广泛的无机阻燃剂，其受热分解时释放出水，同时吸收大量的潜热，抑制温度上升，分解后生成的氧化镁是良好的耐火材料，能切断氧气的供给，有助于提高树脂抵抗火焰的能力。目前主要是利用卤水中的镁离子，通过加入沉淀剂的方法使镁离子以氢氧化镁的形式沉淀出来。往高浓度卤水中通入氨，考察通氨反应时间、搅拌速率、陈化温度、陈化时间、有无稳定剂乙醇等条件对氢氧化镁转化率的影响情况，最终确定最适宜的实验条件，并进行优化实验验证，卤水-氨水法生产的氢氧化镁产品质量最高。

本实验采用卤水-氨水法来提高氨气的利用率和镁离子的转化率。原料卤水经过掩蔽除钙，用氨水作沉淀剂，在室温 25 ℃下进行沉淀、升温、陈化，制备出氢氧化镁阻燃剂。实验结果表明，当氨水与镁离子物质的量比为 3.5∶1、反应温度为 20～25 ℃时氢氧化镁的产率较高。

实验化学反应原理如下：

$$NH_3 + H_2O \rightleftharpoons NH_3 \cdot H_2O$$

$$MgCl_2 + NH_3 \cdot H_2O + H_2O \rightleftharpoons Mg(OH)Cl \cdot H_2O + NH_4Cl$$

$$Mg(OH)Cl \cdot H_2O \rightleftharpoons 1/2Mg(OH)_2 \downarrow + 1/2MgCl_2 + H_2O$$

四、实验器材与试剂

器材：电热恒温鼓风干燥箱，精密定时电动搅拌器，电子分析天平，循环水式多用真空泵，红外光谱仪。

试剂：卤水（自制）；乙二胺四乙酸钠，氨水，三乙醇胺，乙醇，铬黑 T，酒石酸钠，以上均为分析纯。

五、实验内容

1. 氢氧化镁制备工艺流程

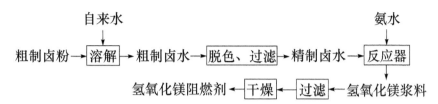

2. 溶液配制

(1) EDTA 标准溶液:0.025 mol·L⁻¹ 乙二胺四乙酸钠标准溶液 250 mL。

(2) 缓冲液:取 70 g NH₄Cl 溶于 300 mL 水中,加入 570 mL 浓氨水,用水稀释至 1000 mL,此时溶液 pH 为 10。

(3) 混合指示剂:将 0.35 g 铬黑 T、0.05 g 甲基红和 0.05 g 百里酚酞溶于 50 mL 乙醇中。

(4) 掩蔽剂:取 2 g 酒石酸钠、1 g KF 加入 50 mL 三乙醇胺中,用 NaOH 溶液调节其 pH 至 9.5 左右。

3. 实验步骤

(1) 钙镁离子总浓度的滴定。取 25 mL 卤水置于 300 mL 锥形瓶中,加入 5 滴铬黑 T 试剂、5 mL 掩蔽剂、50 mL 的缓冲溶液和 10 mL 水,摇匀,用 0.025 mol·L⁻¹ 的 EDTA 滴定至溶液呈现绿色,记录试剂用量。

(2) 钙离子浓度的滴定。取 25 mL 卤水于 300 mL 锥形瓶中,加入 3~4 滴钙指示剂、5 mL 掩蔽剂、50 mL NaOH 溶液(pH=12.87),摇匀后用 0.025 mol·L⁻¹ 的 EDTA 滴定,直到溶液由蓝色变为无色,记录试剂的用量。

(3) 卤水中钙离子的沉淀。$Ca(OH)_2$ 微溶于水,因此浓卤水中的钙离子是影响氢氧化镁产品纯度的主要因素。实验第一步是先除去钙离子。25 ℃时,$CaCO_3$ 的溶度积常数为 3.8×10^{-9},$MgCO_3$ 的溶度积常数为 1.0×10^{-5}。$MgCO_3$ 的溶度积比 $CaCO_3$ 的溶度积大 4 个数量级。本实验的除钙方法就是依据溶度积原理,向含有钙镁离子的浓卤水中缓慢滴加稀 Na_2CO_3 溶液。当浓卤水中的 Ca^{2+} 与 CO_3^{2-} 之积大于 $CaCO_3$ 的溶度积常数时,$CaCO_3$ 便会沉淀而出,而此时浓卤水中的 Mg^{2+} 与 CO_3^{2-} 之积尚未达到 $MgCO_3$ 的溶度积常数,不会析出 $MgCO_3$ 沉淀。实验采用的 Na_2CO_3 溶液浓度为 1 mol·L⁻¹,在 25~30 ℃下进行反应,并通过调节 Na_2CO_3 的加入量来改变 Na_2CO_3 与卤水中 Ca^{2+} 的物质的量比,使 $n_{Na_2CO_3}:n_{Ca^{2+}}$ 分别为 1.0,1.1,1.2,1.3,1.4,1.5。待反应完毕后,抽滤、干燥、称量,求算沉淀率。

（4）氢氧化镁的制备。以除钙之后的浓卤水为底液,加入三乙醇胺掩蔽 Fe^{3+}、Al^{3+}、Ti^{4+},用 25％的氨水溶液为沉淀剂,在均匀搅拌机中制备氢氧化镁浆液,经过滤、洗涤、干燥,得到氢氧化镁粉体。

4. 红外光谱分析

取 1～2 mg 样品粉体和 100 mg 左右干燥的 KBr 粉体混匀研磨,用压片机制成透明的薄圆片。采用红外光谱仪对其进行结构表征。

六、思考题

（1）钙镁离子总浓度应该怎么分析?
（2）络合滴定中的注意事项有哪些?
（3）$NaCO_3$ 的用量对 Ca^{2+} 去除率有哪些影响?
（4）试讨论氨水与镁离子的物质的量比对氢氧化镁产率的影响。
（5）反应温度对氢氧化镁产率有什么影响?

（张　鹏　刘昌华）

实验 34　燃烧法合成长余辉发光材料

一、实验目的

（1）学会用燃烧法快速合成长余辉材料。
（2）了解长余辉材料及其长余辉原理。
（3）学会用燃烧法快速合成无机氧化物及纳米材料的基本方法。

二、预习要求

（1）预习实验原理。
（2）预习燃烧合成方法。
（3）查阅资料,了解长余辉发光材料的用途。

三、实验原理

20 世纪初硫化物磷光体得到广泛应用,但硫化物磷光体由于掺杂了 Co 等放射性元素,对人类和环境带来很多危害,而且在空气中容易被氧化,性质很不稳定,逐步被淘汰,人们开始研究开发新的磷光体体系。从 20 世纪六七十年代 Palilla 和 Abbruscato 等观察到碱土铝酸盐的持续发光现象开始,到 90 年代对长余辉发光材料的研究进入了一个新的阶段。新的长余辉发光材料以稀土离子为激活剂,不需要掺杂放射性元素,基质本身为碱土氧化物,而且无论是发光强度还是余辉时间都是传统的硫化物发光材料的 10 倍以上。以前合成发光材料的方法多采用高温固相法,此种方法合成温度高达上千摄氏度,有的还需要在还原性气氛中反复灼烧。近年来,采用燃烧法、溶胶-凝胶法、水热法、共沉淀法、电弧法、微波热法合成发光材料,可以有效地降低合成温度。其中,燃烧法可以在较低温度(500～700 ℃)下,快速(3～5 min)合成长余辉发光材料。与其他合成方法相比,燃烧法具有省时节能的优点,而且操作简单,所需设备也比较简单。本实验采用硝酸盐作氧化剂,络合还原剂作还原剂,发生剧烈的氧化还原反应,放出大量的气体,使合成的碱土铝酸盐粉末粒度超细化,形成纳米级的长余辉材料,其粒子直径为30～70 nm,与此同时,发光材料的发射峰位置发生了显著的蓝移。

长余辉材料是研究最早的发光材料。发光材料是由作为该材料的主体化合物(基质)和特定的少量杂质离子(激活剂)等组成。激活剂是发光中心,它受到外界能量的激发而发光。二价铕离子(Eu^{2+})激活的铝酸盐系列磷光体,是一种很有前途的发光材料。当它受到蓝色光、紫色光和近紫外光的激发时,因 Eu^{2+} 的发光是 $4f^6 5d^1 \rightarrow 4f^7(8S^{7/2})$ 宽带允许的跃迁,而 5d 电子处于没有屏蔽的外层裸露状态,受晶场的影响较大,所以其发光特性不但与其化学组成有关,而且还与制备方法等有关。据研究表明,整个制备过程是获得发光性能良好的长余辉材料的关键。它通常是采用高温固相合成的,该法要求把高纯度原料按一定的物质的量比称量,然后磨细并混匀,再在还原气氛中经 1300 ℃左右温度焙烧 2～3 h,最后还必须进行粉碎球磨阶段,才能制成粉状长余辉材料。由于经高温固相合成法制成的磷光体晶粒是逐渐生长而成的,所以粒子较粗,经球磨后晶形遭受到破坏,发光亮度大幅度下降。实测表明,发光亮度会降低到四分之一左右。

燃烧合成(combustion synthesis,CS)也称自蔓延高温合成(self-propagating high-temperature synthesis,SHS),是一种高放热的化学体系经外部能量诱发而发生局部化学反应(点燃),形成其前沿(燃烧波),使化学反应持续蔓延直至整个反应体系,最后合成所需材料的技术。在燃烧合成看似简单的过程背后,包含着复杂的化学和物理化学转变,要想获得满意的产品,必须了解整个反应机理以及各种因素对燃烧合成过程的影响。

本实验是利用金属硝酸盐和有机燃料的混合体系,通过溶解于水形成溶液而获得均匀的混合,燃烧合成铝酸盐。金属硝酸盐和有机燃料的混合体系在加热到 500 ℃左右时,发生沸腾、浓缩、冒烟,起火迅速燃烧,火焰以燃烧波的形式自我维持蔓延,最终得到泡沫状粉体。硝酸盐-有机燃料体系的燃烧合成过程,与反应物加热分解产生的可燃气体发生的氧化还原反应有关。硝酸盐与尿素混合物的燃烧通常是非爆炸性的氧化还原放热反应。这些燃料都含有氮,在较低温度下分解(如尿素在 198 ℃分解),产生可燃气体。硝酸盐-尿素燃烧合成铝酸盐时,尿素

(H_2NCONH_2)加热时分解产生缩二脲和氨气,在较高温度时生成($HNCO_3$)$_3$三聚物,硝酸盐加热时熔化,随后脱水,并分解生成无定形的金属氧化物和氮的氧化物气体。硝酸盐-尿素混合物加热时形成凝胶物质。硝酸铝-尿素混合料在燃烧时,所有这些反应都同时进行,产生大量气体,形成聚合凝胶。

$$2Al(NO_3)_3 + Sr(NO_3)_2 + \frac{20}{3}CO(NH_2)_2 + 10O_2 \longrightarrow SrAl_2O_4 + \frac{40}{3}H_2O + \frac{32}{3}N_2 + \frac{20}{3}CO_2$$

在这里,尿素既要起到助燃剂的作用,还要起到提供还原气氛和保护气氛的作用。尿素加入量的多少对燃烧时的剧烈程度有很大的影响,决定了样品合成时温度的高低,同时也影响到燃烧时稀土离子需要的还原气氛。

四、实验器材与试剂

器材:分析天平,烧杯,玻璃棒,移液管,磁力加热搅拌器,马弗炉,刚玉坩埚,荧光光度计。

试剂:Eu_2O_3,Dy_2O_3,硝酸锶,硝酸铝,尿素,硼酸,稀硝酸。

五、实验内容

1. 前驱体的制备

(1) 按制备 0.01 mol 产品称量各种原料,具体为 0.088 g Eu_2O_3、0.093 g Dy_2O_3、2.116 g 硝酸锶、7.5 g 硝酸铝、0.18 g 硼酸、15 g 尿素。

(2) 用一定量硝酸加热溶解稀土氧化物,配成稀土离子硝酸盐溶液 A。

(3) 将称好的硝酸锶、硝酸铝、尿素和硼酸用一定量蒸馏水溶解,搅拌状态下加热至 70 ℃左右,配成溶液 B。

(4) 在搅拌状态下,将 A 缓慢加入 B 中,维持加热搅拌一定时间,使体系均匀混合,并蒸发脱去一部分水。

(5) 将混合物快速转移进刚玉坩埚中,即得到可用于燃烧合成的前驱体。

2. 样品的燃烧合成

先将马弗炉预热至燃烧反应的引发温度(600 ℃),然后迅速放入装有前驱体的坩埚,几分钟后即可观察到反应物剧烈沸腾、膨胀,膨胀物的顶端最先开始燃烧,顶端燃烧引发后可见明显的自上而下的燃烧蔓延现象,整个过程在 20 min 内完成。燃烧完成后取出样品,冷却,即可得到合成产物。

3. 样品表征

冷却后,将长余辉材料取出。该材料经天然光或人工光照射后,再把它移到低于照射亮度的地方时,即可观察到它发出的绿色光。当激发达到饱和时,该材料发出较强的绿色光,并能维持较长时间。

用分光光度计测样品的发射光谱和激发光谱。

注意控制前驱体的含水量,水量以前驱体呈糊状为宜。反应过程中保持室内通风,且远离马弗炉。

六、思考题

(1) 参考相关文献,分析影响发光强度的因素。

(2) 比较现有制备长余辉材料方法的优缺点。

(张　鹏　刘昌华)

实验 35　水热法制备纳米氧化锌

一、实验目的

掌握水热法的原理,了解在水热法制备纳米氧化锌的过程中,浓度、温度、反应时间、pH、Zn^{2+}/OH^{-}(物质的量比)、添加剂和掺杂等因素对产物尺寸、形貌的影响。

二、预习要求

(1) 阅读 4.3.5。

(2) 熟悉水热合成法。

三、实验原理

氧化锌是一种用途十分广泛的功能材料,已被用于气敏、压敏、催化、抗菌等重要领域。ZnO 纳米材料具有普通 ZnO 材料所无法比拟的特性和用途,在陶瓷、电子、光学、化工、生物、医药等许多领域展现出特殊的用途。ZnO 纳米薄膜和一维 ZnO 纳米结构在紫外探测器、发光二极管、激光二极管等领域显示出极大的发展潜力,已成为材料领域的研究前沿。尤其是近年来有关一维 ZnO 纳米结构的形貌与紫外激光的研究,更是受到了人们的极大关注。一维氧化锌结构(纳米棒、纳米线、纳米带、纳米管等)的湿化学合成主要采用沉淀法、溶胶-凝胶法、模板合成以及水热合成法。水热合成工艺简单,同时易制得一维长径比高的纳米氧化锌粉。本研究是采用水热合成法,通过变化工艺条件,制备纳米氧化锌粉。氧化锌是一种性能优异的半导体材料,室温下禁带宽度为 3.37 eV,激子束缚能为 60 meV,具有很好的光学、电学、催化特性。氧化锌纳米材料性能多样、用途广泛。纳米氧化锌的制备方法有气相法、液相法和固相法,水热法是液相法制备纳米氧化锌的一种重要方法。采用水热法合成了氧化锌纳米棒,研究了不同合成条件对 ZnO 纳米晶的影响。采用碱式碳酸锌作为前驱体,水为水热介质,可获得氧化锌纳米棒,水热时间的延长和水热温度的提高都使氧化锌纳米棒的长径比减小,其紫外发射光和近红外发射光强度增大。当在体系中加入聚乙二醇时,可获得片状氧化锌结晶。当以 $0.5\ mol \cdot L^{-1}$ 的碳酸钠水溶液为水热介质,可得到长径比超过 20、直径约为 500 nm、分散均匀的纳米氧化锌棒。以氢氧化锌为前驱体,也能得到氧化锌纳米棒,其长径比为 15 左右。

水热法又称为热液法,是指在特制的密闭反应器(高压釜)中,采用水溶液作为反应体系,通过对反应体系加热,产生一个高温高压的环境,加速离子反应和促进水解反应,在水溶液或蒸气流体中制备氧化物,再经过分离和热处理得到氧化物纳米粒子,可使一些在常温常压下反应速率很慢的热力学反应实现反应快速化。

四、实验器材与试剂

器材:搅拌器,烘箱,水热釜。

试剂:硝酸锌,无水碳酸钠,碳酸氨,氨水,聚乙二醇(A.R.)。

五、实验内容

1. 制备碱式碳酸锌前驱体

将硝酸锌、碳酸氨配制成 $0.1 \sim 2.0\ mol \cdot L^{-1}$ 的溶液,然后在室温下把碳酸氨溶液缓慢滴加到硝酸锌溶液中,直至不再有白色沉淀生成为止。

2. 制备氢氧化锌前驱体

用同样的方法将 $0.5\ mol \cdot L^{-1}$ 氨水滴入 $0.5\ mol \cdot L^{-1}$ 硝酸锌溶液(二者体积比为 2:1)中,得到氢氧化锌沉淀。

3. 氧化锌纳米粉的制备

先将沉淀用蒸馏水洗涤数次,至洗液显中性为止。再将沉淀转移至高压釜内,加入蒸馏水至高压釜容积的 60%～70%(55～65 mL),密封。把高压釜放入烘箱中,在 120～200 ℃保温 5～28 h 后,取出高压釜,自然冷却至室温,得到的粉体洗涤烘干,即得氧化锌纳米粉。

六、思考题

(1) 水热合成温度对纳米氧化锌粉的影响有哪些?

(2) 水热介质对纳米氧化锌粉的影响有哪些?

(3) 前驱体的不同对纳米氧化锌粉的影响有哪些?

（张　鹏　刘昌华）

第6章　综合设计性实验

综合1　硫代硫酸钠的制备及纯度分析

一、课前准备

查阅有关硫代硫酸钠的性质、用途、国内年产量、价格走势及有关的国家使用规定和质量标准等,学习实验室制备硫代硫酸钠的方法和纯度测定。

总结出本实验的原理和你希望达到的实验目的。

把上述心得写入预习报告中。

二、实验器材与试剂

器材:三颈瓶(500 mL),烧杯,球形冷凝管,量筒,减压过滤装置,表面皿,滴定管,锥形瓶(250 mL),蒸发皿,托盘天平,分析天平,温度计,恒温电磁加热搅拌器,微波炉。

试剂:硫磺,亚硫酸钠,乙酸,$AgNO_3$ 溶液($0.1\ mol \cdot L^{-1}$),I_2 标准溶液($0.1000\ mol \cdot L^{-1}$),淀粉溶液(0.5%),中性甲醛溶液(40%)(配制方法:40%甲醛溶液中滴加 2 滴酚酞,然后滴加 $2\ g \cdot L^{-1}$ NaOH 溶液至刚呈微红色)。

三、实验内容

1. 硫代硫酸钠的制备

方法一:

(1) 将 500 mL 三颈瓶安装固定于恒温电磁加热搅拌器上,三颈分别与球形冷凝管、温度计、尾气吸收瓶相连。

(2) 首先向三颈瓶中加入一定量的亚硫酸钠溶液、硫磺(用乙醇浸湿),并加热至沸腾,用氢氧化钠溶液控制溶液的 pH。最佳反应条件:亚硫酸钠与硫磺质量比为 7∶2;亚硫酸钠与水的质量比为 1∶1;溶液 pH＝10;在沸腾状态下反应 30 min。

(3) 将制得的硫代硫酸钠溶液过滤,蒸发溶剂至饱和,用乙酸调节溶液至中性或弱碱性,冷却结晶,离心甩干得到硫代硫酸钠结晶。若纯度达不到要求,可进行重结晶。

方法二：

称取 2 g 硫粉，研碎后置于 100 mL 烧杯中，加 1 mL 乙醇使其润湿，再加入 6 g 亚硫酸钠固体和 30 mL 水。加热混合物并不断搅拌，待溶液沸腾后改用小火加热，继续搅拌并保持微沸状态不少于 40 min，直至仅剩下少许硫粉悬浮在溶液中（此时溶液体积不要少于 20 mL，如太少可在反应过程中适当补加些水，以保持溶液体积为 20 mL 左右）。趁热过滤，将滤液转移至蒸发皿中，水浴加热，蒸发滤液直至溶液呈微黄色浑浊为止。冷却至室温（若室温较高，用冰水浴冷却），即有大量晶体析出（如冷却时间较长而无晶体析出，可搅拌或投入一粒 $Na_2S_2O_3$ 晶体以促使晶体析出）。减压过滤，并用少量乙醇洗涤晶体，抽干后，再用吸水纸吸干。称量，计算产率。

方法三：

称取 6.0 g 无水亚硫酸钠于 100 mL 小烧杯中，加 60 mL 水，搅拌使之溶解。另称取 2.0 g 硫粉于 250 mL 锥形瓶中，将亚硫酸钠溶液转移至锥形瓶中，搅拌后在锥形瓶上方倒扣一个小烧杯。将锥形瓶放入微波炉，用高火加热约 2 min 至沸腾，然后将加热火力设置为低火，继续反应 7 min 后取出（此时，溶液体积为 20～25 mL），趁热抽滤，滤液蒸发浓缩至产生晶膜，冷却至室温，加一粒晶种，在冰水中冷却结晶 30 min 左右，待晶体完全析出后，抽滤，所得晶体用无水乙醇清洗，抽干。称量，计算产率。

2. 产品的鉴定

（1）定性鉴别。取少量产品加水溶解，加入过量的 0.1 mol·L^{-1} AgNO$_3$ 溶液，观察颜色变化。

（2）定量测定产品含量（通过碘标准液浓度计算）。精确称取产物于 250 mL 锥形瓶中，加入 20 mL 去离子水溶解，加入 5 mL 中性甲醛溶液，以 0.1000 mol·L^{-1} 碘标准液滴定近终点时，加 3 滴淀粉指示剂，继续滴定至溶液呈现蓝色，30 s 内不消失为终点。

（3）计算硫代硫酸钠的含量

$$硫代硫酸钠含量(\%) = \frac{Vc \times 0.2483}{m} \times 100\%$$

式中，V 为碘标准液用量(mL)；c 为碘标准液的浓度(mol·L^{-1})；m 为样品的质量(g)；0.2483 为每毫摩尔硫代硫酸钠的质量。

四、思考题

（1）为提高硫代硫酸钠的产率在实验中应注意的问题有哪些？

（2）为什么在用标准碘溶液来测定硫代硫酸盐的含量前，先要加中性甲醛溶液？

（方法一和方法二：莫尊理；方法三：胡小莉　李原芳）

综合 2　过氧化钙的制备及含量测定

一、课前准备

利用网络查阅了解有关过氧化钙的性质、用途、国内外生产情况、市场需求等信息以及有关的使用规定和质量标准。

查阅文献，了解制备过氧化钙的方法，分析比较各种方法的优缺点；了解过氧化氢的性质，分析本实验中使用浓氨水和过氧化氢的操作注意事项。

查阅资料，了解可以用哪些方法定性检测过氧化钙的存在，怎样定量测定产品中过氧化钙的含量。

总结出本实验的原理和你希望达到的实验目的。

把上述心得写入预习报告中。

二、实验器材与试剂

器材：冰水浴，烧杯，表面皿，分析天平，磁力加热搅拌器，循环水真空泵，布氏漏斗，抽滤瓶，烘箱，250 mL 锥形瓶，酸式滴定管（带滴定台）。

试剂：$(NH_4)_2CO_3$（s），$NH_3 \cdot H_2O$（浓，6 mol $\cdot$ L^{-1}），HCl（2 mol $\cdot$ L^{-1}、6 mol $\cdot$ L^{-1}），H_2O_2（6%、30%），$MnSO_4$（0.10 mol $\cdot$ L^{-1}），$KMnO_4$ 标准溶液（0.0200 mol $\cdot$ L^{-1}）。

三、实验内容

1. 制取纯的碳酸钙

称取 5 g 大理石溶于 20 mL 6 mol $\cdot$ L^{-1} 的盐酸溶液中，反应减慢后，将溶液加热至 60～80 ℃，待反应完全，加 50 mL 水稀释，往稀释后的溶液中滴加 2～3 mL 6% 的 H_2O_2 溶液，并用 6 mol $\cdot$ L^{-1} 的氨水调节溶液的 pH 至弱碱性，以除去杂质铁，再将溶液用小火煮沸数分钟，趁热过滤。另取 7.5 g 碳酸铵固体，溶于 35 mL 水中，在不断搅拌下，将其慢慢加入到上述热的滤液中，同时加入 5 mL 浓氨水，搅拌均匀后，放置、过滤，以倾析法用热水将沉淀物洗涤数次后抽干。

2. 过氧化钙的制备

将以上制得的碳酸钙置于烧杯中，逐滴加入 6 mol $\cdot$ L^{-1} 的盐酸，直至烧杯中仅剩余极少量的碳酸钙固体为止，将溶液加热煮沸，趁热过滤除去未溶的碳酸钙。

将上面所得的氯化钙溶液置于冰水浴中充分冷却后，在剧烈搅拌下将其逐滴滴入 6% 过氧化氢和 6 mol $\cdot$ L^{-1} 氨水溶液中（滴加前先在冰水浴中充分冷却，滴加时溶液仍置于冰水浴内)。滴加完后,继续在冰水浴内放置半小时,观察白色的过氧化钙晶体的生成,抽滤,用少量冰水洗涤两三次,将晶体抽干。将抽干后的过氧化钙晶体放在表面皿上,于烘箱内在 105 ℃下烘 0.5～1 h,冷却,称量,计算产率。

将产品转入干燥的小烧杯中,放于干燥器中备用。

3. 过氧化钙的定性检验

取少量自制的过氧化钙固体于试管中,加热。将带有余烬的卫生香或火柴伸入试管,观察实验现象,判断是否为过氧化钙。

4. 过氧化钙含量的测定

准确称取 0.15 g 左右过氧化钙产品 3 份,分别置于 250 mL 锥形瓶中,各加入 50 mL 去离子水和 15 mL 2 mol·L^{-1} 的稀 HCl,使其溶解,再加入几滴 0.10 mol·L^{-1} MnSO$_4$ 溶液,用 0.02000 mol·L^{-1} KMnO$_4$ 标准溶液滴定至溶液呈微红色,30 s 内不褪色即为终点。计算产品中 CaO$_2$ 的含量,若测定值相对偏差大于 0.2%,需再测一份。

四、思考题

(1) CaO$_2$ 产品有哪些用途?

(2) 大理石中一般都含有少量的铁、锰等重金属,如果不提纯,对过氧化钙的制备有何影响?

(3) 在碳酸钙纯化过程中,前后两次将溶液加热煮沸,其目的分别是什么?

(4) 将本实验制备过氧化钙的方法与其他碱土金属和碱金属过氧化物的制备方法相比较。

(周娅芬)

综合 3　重铬酸钾的制备和产品含量的测定

一、课前准备

利用网络查阅了解铬铁矿的组成、用途,查阅有关重铬酸钾的用途、国内外生产情况、市场价格等信息以及有关的使用规定和质量标准。

阅读教材,了解有关铬的化合物的性质。阅读《化学基础实验(Ⅰ)》3.4 节、4.1 节有关焙烧、浸取、结晶、重结晶的知识和操作技术,分析本实验的操作要领以及注意事项。

查阅资料,了解本实验中加入 Na$_2$CO$_3$、NaOH 和 KClO$_3$ 的作用,分析还可用

哪些物质代替 $KClO_3$。

查阅资料,了解用容量分析方法测定产品含量的原理。

总结出本实验的原理和你希望达到的实验目的。

把上述心得写入预习报告中。

二、实验器材与试剂

器材:铁坩埚,铁棒,烧杯,酒精喷灯,蒸发皿,托盘天平,水浴锅,循环水真空泵,布氏漏斗,抽滤瓶,碘量瓶,研钵,移液管(25 mL),容量瓶(250 mL),碱式滴定管(50 mL),滤纸,pH 试纸。

试剂:铬铁矿粉(100 目),NaOH(s),Na_2CO_3(s),KCl(s),$KClO_3$(s),KI(s),无水乙醇,H_2SO_4(2 mol·L^{-1},6 mol·L^{-1}),$Na_2S_2O_3$ 标准溶液(0.1000 mol·L^{-1}),淀粉指示剂(0.2%)。

三、实验内容

1. 重铬酸钾的制备

1)氧化焙烧

称取 6.0 g 铬铁矿粉(如没有铬铁矿,可用三氧化二铬代替),与 4 g 氯酸钾在研钵中混合均匀。取 Na_2CO_3 和 NaOH 各 4.5 g 于铁坩埚中混匀,先用小火熔融,再将矿粉分三四次加入坩埚中并不断搅拌,加完矿粉后逐渐升温至 850 ℃左右,灼烧 30~35 min,稍冷。将坩埚置于冷水中骤冷一下,以便浸取。

2)浸取

用少量去离子水于坩埚中加热至沸腾,将溶液倾入 100 mL 烧杯内,再往坩埚中加水煮沸。如此三四次即可取出熔块。将全部熔块与溶液一起煮沸 15 min(并不断搅拌),稍冷后抽滤,残渣用 10 mL 去离子水洗涤,控制溶液和洗涤液总体积为 40 mL 左右,抽滤,弃去残渣。

3)中和除铝、硅

将滤液用 2 mol·L^{-1} H_2SO_4 溶液调至 pH 为 7~8,加热至沸,再煮沸 3 min后,趁热抽滤,残渣用少量去离子水洗涤后弃去。

4)酸化、复分解和结晶

将得到的滤液转移至 100 mL 蒸发皿中,用 6 mol·L^{-1} H_2SO_4 调节溶液pH≈5,再加入 1.0 g KCl,置于水浴上加热,将溶液蒸发至表面有少量晶体析出时,冷却至20 ℃,即有 $K_2Cr_2O_7$ 结晶析出。抽滤,用滤纸吸干晶体,称量。

5)重结晶

将粗的重铬酸钾溶于去离子水中(按 $K_2Cr_2O_7$ 与 H_2O 质量比 1∶1.5),加热使其溶解,浓缩、冷却结晶,抽滤,晶体用少量去离子水洗涤一次,在 40～50 ℃烘干产品,称量。

2. 产品含量的测定

准确称取试样 2.5 g 溶于 250 mL 容量瓶中,用移液管吸取 25.00 mL 该溶液放入 250 mL 碘量瓶中,加入 10 mL 2.0 mol·L^{-1} H_2SO_4 和 2.0 g 碘化钾,放于暗处 5 min,然后加入 100 mL 水,用 0.1000 mol·L^{-1} $Na_2S_2O_3$ 标准溶液滴定至溶液变成黄绿色,然后加入 3 mL 淀粉指示剂,再继续滴定至蓝色褪去并呈亮绿色为止。由 $Na_2S_2O_3$ 标准溶液的浓度和用量计算出产品含量。

四、思考题

(1) 什么是焙烧、浸取?

(2) 中和除铝、硅时为何调节 pH 为 7～8? 过高或过低有什么影响?

(3) 重铬酸钾和氯化钠均为可溶性盐,怎样利用不同温度下溶解度的差异使它们分离?

（周娅芬）

综合 4　钴(Ⅲ)与乙二胺手性配合物的合成与拆分

一、课前准备

利用网络查阅有关三(乙二胺)合钴(Ⅲ)配合物的用途、国内外生产情况、市场价格等信息以及有关的使用规定和质量标准。

阅读教材,了解配合物的光学异构现象,学会分辨光学异构体,学习旋光仪的操作,了解其测定原理。

查阅资料,掌握该实验的制备方法与原理。思考在纯化异构体[Co(en)₃]I₃·H₂O 中,为何要用 NaI 的溶液来洗涤。

总结出本实验的原理和你希望达到的实验目的,写出预习报告。

二、实验器材与试剂

器材:WXG-6 自动旋光仪,吸滤瓶(250 mL),抽滤瓶,布氏漏斗,循环水真空泵,烧杯(250 mL,100 mL),容量瓶(50 mL)。

试剂:$CoSO_4$·$7H_2O$(A.R.),乙二胺(24%)(A.R.),$BaCO_3$(A.R.),碘化钠(A.R.),盐酸 (A.R.),D-酒石酸(C.P.),活性炭(C.P.)。

三、实验内容

1. (+)-酒石酸钡的制备

在 250 mL 的烧杯中,把 5 g D-酒石酸溶于 50 mL 水中,边搅拌边缓慢地加入 13 g 碳酸钡,加热并连续搅拌 0.5 h,以确保反应完全,滤出沉淀并用冷水洗涤,随后在 110 ℃下烘干。

2. $[Co(en)_3]^{3+}$ 的制备

在 250 mL 吸滤瓶上安装橡皮塞,塞上带一根伸到瓶底的玻璃管。瓶中加入 20 mL 24% 的乙二胺溶液和 5 mL 浓盐酸,再加入硫酸钴溶液(7 g 硫酸钴溶于 15 mL 水中)和 1 g 活性炭,通入空气流 2 h,使 Co^{2+} 氧化为 Co^{3+},此时有 $[Co(en)_3]^{3+}$ 生成。

$$4Co^{2+}+12en+4H^++O_2 =\!=\!= 4[Co(en)_3]^{3+}+2H_2O$$

当氧化反应后,用稀盐酸和稀乙二胺调节 pH 为 7.0~7.5。将此溶液转入到 100 mL 烧杯中,在蒸气浴上加热 15 min,使反应完全,溶液冷却后过滤以除去活性炭。

在所得的 $[Co(en)_3]^{3+}$ 溶液中加入 7 g D-酒石酸钡,充分搅拌并在蒸气浴上加热 0.5 h,滤除硫酸钡沉淀,用少量热水冲洗沉淀,蒸发滤液到约 15 mL,冷却浓缩液,有橙红的 $[d\text{-}Co(en)_3]Cl[D\text{-}tart]$ 晶体析出,过滤。保留滤液为离析 l-异构体用。橙红色晶体用约 10 mL 热水重结晶,用乙醇洗涤晶体并晾干。

3. $[d\text{-}Co(en)_3]I_3 \cdot H_2O$ 的制备

在 100 mL 烧杯中用 10 mL 热水溶解 $[d\text{-}Co(en)_3]Cl[D\text{-}tart]$ 晶体,并加入 0.5 mL 浓氨水,在充分搅拌下,再注入 NaI 溶液(9 g NaI 溶解于 8 mL 热水中)。在冰水中冷却,过滤得到橙红色的 $[d\text{-}Co(en)_3]I_3 \cdot H_2O$ 针状晶体,并用 10 mL 30% NaI 溶液洗涤,最后用少量无水乙醇和丙酮洗涤,晾干,记录产量。

4. $[l\text{-}Co(en)_3]I_3 \cdot H_2O$ 的制备

在上面保留的滤液中加入 0.5 mL 浓氨水,加热到 80 ℃,在搅拌下加入 3 g NaI 固体,在冰水中冷却至有晶体析出,过滤得到不纯的 $[l\text{-}Co(en)_3]I_3 \cdot H_2O$ 异构体,用冷却的 10 mL 30% 的 NaI 溶液洗涤,然后用无水乙醇洗涤。产物中含有一些外消旋酒石酸盐,将它溶解在 15 mL 50 ℃的水中,滤出不溶的外消旋酒石酸盐,加入 3 g NaI 固体于 50 ℃滤液中,在冰水中冷却,有橙黄色 $[l\text{-}Co(en)_3]I_3 \cdot H_2O$ 晶体析出,过滤。产物用少量无水乙醇和丙酮洗涤,晾干,记录产量。

5. 异构体旋光度 α 的测定

称取 1.00 g 的 $[d\text{-}Co(en)_3]I_3 \cdot H_2O$ 和 $[l\text{-}Co(en)_3]I_3 \cdot H_2O$ 异构体,分别倒入 50 mL 容量瓶中,用蒸馏水稀释至刻度。分别在旋光仪上用 1 dm 的样品管测其旋光度 α(若有旋光色散光度计,可测定不同波长的摩尔旋光度 $[\alpha_M]_\lambda$)。

四、实验结果和计算

1. 光学异构体的旋光度

测定温度 $t=$ _____ ℃
$[d\text{-}Co(en)_3]^{3+}:\alpha=$ _____
$[l\text{-}Co(en)_3]^{3+}:\alpha=$ _____

2. 比旋光度 $[\alpha]_\lambda^t$ 和摩尔旋光度 $[\alpha_M]_\lambda$ 的计算

按公式分别计算 $[\alpha]_\lambda^t$ 和 $[\alpha_M]_\lambda$。

3. 光学异构体纯度的计算

由实验测得的 $[\alpha]_\lambda^t$ 与理论的 $[\alpha]_D^{20}$ 相比,可求得该样品的纯度:

$$纯度(\%)=\frac{实测的[\alpha]_\lambda^t}{理论的[\alpha]_D^{20}}\times100\%$$

五、思考题

(1) 如何判别配合物是否具有光学异构体?若测定了它的 ORD 曲线和 CD 曲线,能否定出它的立体构型?
(2) 在纯化异构体 $[Co(en)_3]I_3 \cdot H_2O$ 中,为何要用 NaI 溶液洗涤?

六、背景知识

光学异构体是配合物中一类重要的异构体。凡是两种构造相同,但彼此互为镜像而又不能重叠的化合物称为光学异构体(或称对映异构体)。在光学异构体的分子中,相应的键角和键长都相同,只是由于分子中原子的空间排列方式不同,偏振光的振动平面旋转的方向不同,这是光学异构体在性质上最具特征的差别。理论和实践证明,只有不具有对称中心、对称面和反轴(但可以有对称轴)的分子才可能有光学异构体。因为三个原子本身可以组成一个对称平面,所以有光学活性的分子至少必须包括四个原子。光学异构体在有机物中是常见的。在有机化合物分子中,常常依据是否有非对称碳原子来判断光学异构体。但必须指出,含有非对称碳原子的分子不一定都有光学活性,因为有的分子内部的另一部分含有排列方向相反的不对称碳原子,存在对称面的内消旋物,而使右旋构型和左旋构型的旋光性两者自行抵消[图 6-1(a)];另外还有不易分离的相同数量的右旋和左旋分子组成的混合物,其旋光能力也相互抵消,被称之为外消旋物[图 6-1(b)]。

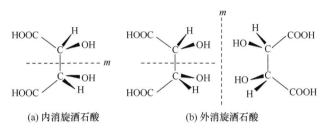

(a) 内消旋酒石酸　　　　　　　　(b) 外消旋酒石酸

图 6-1　内消旋和外消旋

近几十年来,对过渡金属配合物光学活性的研究十分活跃。1912 年,A. Werner 制备和离析了第一个过渡金属配合物 $[Co(en)_3]^{3+}$ 的两种光学异构体,其构型如图 6-2所示。其中一种异构体使偏振光的振动平面向右旋转,而另一种使偏振光的振动平面向左旋转,通常以 d 或(+)表示右旋,而以 l 或(−)表示左旋。物质使偏振光的振动平面旋转的能力可以用比旋光度 $[\alpha]_\lambda^t$ 来表示。$[\alpha]_\lambda^t$ 表示在某一波长 λ 和温度 t 时,每毫升溶液中所含溶质为 1 g 和测定长度为 1 dm 时引起偏振光振动平面的旋转角度,它对某一物质是一定值,可用下式表示:

$$[\alpha]_\lambda^t = \frac{\alpha}{lc}$$

式中,l 为样品的测定长度,以 dm 表示;c 为每毫升溶液中所含样品的质量,以 g 表示;α 为旋转角度读数。

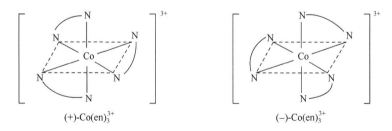

(+)-Co(en)$_3^{3+}$　　　　　　　　　　(−)-Co(en)$_3^{3+}$

图 6-2　$[Co(en)_3]^{3+}$ 的结构

化学中,常用摩尔旋光度 $[\alpha_M]_\lambda$ 来表示物质的旋光能力。

$$[\alpha_M]_\lambda = M[\alpha]_\lambda / 100$$

式中,M 为测定物质的摩尔质量。

光学活性物质的旋光度随波长的不同而变化,一种光学异构体可以在某一波长下使偏振光的振动平面右旋,而在另一波长时使偏振光的振动平面左旋,所以近年来常用旋光色散和圆二色曲线来表示物质的光学活性。光学活性物质的摩尔旋光度$[\alpha_M]_\lambda$ 与波长 λ 的关系图,称为旋光色散(ORD)曲线;光学活性物质的左旋偏振光和右旋偏振光的摩尔吸收系数的差 $\varepsilon_l - \varepsilon_d$(De)与波长 λ 的关系图,称为圆二色(CD)曲线(图 6-3),CD 曲线有极大值。

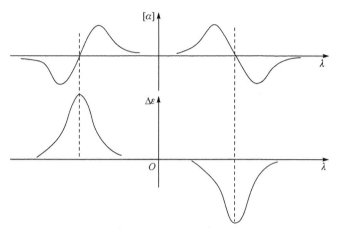

图 6-3　旋光色散曲线(上)和圆二色曲线(下)

而 ORD 曲线在极大吸收位置出现转折点,互为对应异构体的旋光度$[\alpha_M]_\lambda$ 值相等,但符号相反。旋光色散和圆二色曲线及有关现象,总称为科顿效应。正科顿效应相应于 ORD 曲线上$[\alpha_M]_\lambda$ 随波长增加而由负值向正值改变,CD 曲线上的 $\Delta\varepsilon$ 为正值;负科顿效应正好相反。

习惯上通常规定$[\alpha]_\lambda$ 为正值时是右旋异构体,$[\alpha]_\lambda$ 为负值时是左旋异构体。在 ORD 曲线中,较短波长$[\alpha_M]_\lambda$ 为负值(对应于 CD 曲线 $\Delta\varepsilon$ 为正值)时是右旋异构体,而较短波长$[\alpha_M]_\lambda$ 为正值(对应于 CD 曲线 $\Delta\varepsilon$ 为负值)时是左旋异构体。但右旋和左旋只是反映物质对偏振光有两种不同的旋光性质,并没有指出哪一种旋光异构体的真正立体几何构型,如 d-$[Co(en)_3]^{3+}$ 异构体究竟是图 6-2 中的哪种几何构型。直到 1954 年,日本研究小组利用特殊的 X 射线技术才确定 d-$[Co(en)_3]^{3+}$ 异构体是图 6-2 左边的几何构型。虽然光学活性物质的对映体和它的绝对构型之间有必然的关系,但由于光学活性的理论很复杂,同时用 X 射线测定的真正几何构型又很少,因此,现在还不能用 ORD 曲线或 CD 曲线来确定光学异构体的绝对构型。目前只能与具有类似结构而已知其绝对构型的光学异构体的 ORD 曲线或 CD 曲线相比较,若有相同符号的科顿效应,则两者具有相同的绝对构型。毫无疑问,利用 ORD 曲线和 CD 曲线来确定光学异构体的绝对构型将是未来研究的任务。

光学异构体的化学性质相同,用普通的方法不能直接制得光学异构体,而总是得到它们的外消旋混合物。要得到每种纯的对映体,必须经过一定的方法把外消旋混合物分开,这种方法称为外消旋体的离析。最常用的是化学离析法,这是使用混合物的外消旋离子与另一种带相反电荷的光学活性化合物作用得到非对映异构体,由于它们的溶解度不同,可以选择适当的溶剂用分步结晶的方法把它们分开,得到某一种纯的非对映体,然后再用光学不活性物质处理,可使一对光学活性盐恢复成原来的组成。

本实验欲制备和离析光学异构体 $[Co(en)_3]^{3+}$,故它们的外消旋混合物中,加入 D-酒石酸盐(用 D-tart 表示)而使光学异构体分离:

$$[d\text{-}Co(en)_3]^{3+}+D\text{-}tart+Cl^-+5H_2O =\!=\!= [d\text{-}Co(en)_3][D\text{-}tart]Cl \cdot 5H_2O \downarrow$$
$$[l\text{-}Co(en)_3]^{3+}+ D\text{-}tart+Cl^- =\!=\!= [l\text{-}Co(en)_3][D\text{-}tart]Cl$$

$[d\text{-}Co(en)_3][D\text{-}tart]Cl$ 与 NaI 反应转为 $[d\text{-}Co(en)_3]I_3 \cdot H_2O$,这个产物的比旋光度 $[\alpha]_D^{20}$ 为 $+89°$。

沉淀出 $[Co(en)_3][D\text{-}tart]Cl \cdot 5H_2O$ 的溶液中加入 NaI,有 $[d\text{-}Co(en)_3]I_3 \cdot H_2O$ 与 $[l\text{-}Co(en)_3]I_3 \cdot H_2O$ 的混合物析出,因 $[l\text{-}Co(en)_3]I_3 \cdot H_2O$ 在温水中的溶解度比其对映体大得多,因此可以通过重结晶得到较纯的 $[l\text{-}Co(en)_3]I_3$,这个产物的比旋光度 $[\alpha]_D^{20}$ 为 $-89°$。由实验测得各异构体的比旋光度 $[\alpha]_D^t$ 与理论值相比,就可求得样品中异构体的纯度。

(岳　凡)

综合 5　配合物的离子交换树脂分离和鉴定

一、课前准备

离子交换树脂的全名称由分类名称、骨架(或基因)名称、基本名称组成。孔隙结构分凝胶型和大孔型两种,凡具有物理孔结构的称大孔型树脂,在全名称前加"大孔"。分类属酸性的应在名称前加"阳",分类属碱性的应在名称前加"阴"。例如,大孔强酸性苯乙烯系阳离子交换树脂。

查阅文献,学习离子交换树脂分离的一般原理。掌握用离子交换树脂分离配合物离子的基本操作方法。

二、实验器材与试剂

器材:紫外-可见分光光度计,烧杯(100 mL)4 个,玻璃交换柱(0.5 cm× 15 cm)4 根,容量瓶(50 mL,100 mL)各 4 个,刻度移液管(10 mL)1 根,广泛 pH 试纸。

试剂:$CrCl_3 \cdot 6H_2O(s)$,732 树脂,$HClO_4$(70%),HCl(3 mol·L^{-1})。

三、实验内容

1. 树脂的预处理和装柱

(1) 树脂的预处理。将市售的树脂用水洗涤多次,除去可溶性杂质,然后用蒸馏水浸泡几小时,使其充分溶胀,再用蒸馏水洗两次,随后用 5 倍树脂体积的 3 mol·L^{-1}HCl 浸泡半天,并不断搅拌。使树脂转为 H-型。最后用水洗去余下的酸,一直洗到洗涤水的 pH 约为 3,树脂就可使用。

(2) 装柱。将处理好的树脂和蒸馏水一起慢慢地装入交换柱中,在树脂间不要有空隙和气泡,也不能让树脂干涸,以免影响交换效率,一共装 20~25 mL 树脂。

2. 溶液的配制

(1) 淋洗液的配制。量取一定量高氯酸(70%)分别配制 0.1 mol·L^{-1}、1.0 mol·L^{-1}、3.0 mol·L^{-1}的高氯酸溶液各 100 mL。

(2) 三氯化铬溶液的配制。称取一定量 $CrCl_3 \cdot 6H_2O$,加入一定量的高氯酸,配制成为 100 mL 含铬为 0.35 mol·L^{-1}、含 $HClO_4$ 为 0.002 mol·L^{-1}的溶液。本溶液即为 0.35 mol·L$^{-1}[Cr(H_2O)_4Cl_2]^+$ 溶液。

3. 不同电荷铬配离子溶液的制备及其紫外-可见光谱测定

(1) $[Cr(H_2O)_4Cl_2]^+$ 溶液。将 5 mL 0.35 mol·L$^{-1}[Cr(H_2O)_4Cl_2]^+$ 溶液加入到离子交换柱中,然后排出多余的溶液,直至和树脂高度相同。向柱内加入 0.1 mol·L^{-1} $HClO_4$ 淋洗$[Cr(H_2O)_4Cl_2]^+$配离子,淋洗速度约为每秒 2 滴,当流出液出现绿色时开始收集在 50 mL 容量瓶中,至流出液绿色消失为止。用 0.1 mol·L^{-1} $HClO_4$ 溶液稀释到刻度,立即测定其紫外-可见光谱。用 1 cm 比色皿在 350 ～ 700 nm 波长进行测定。

(2) $[Cr(H_2O)_5Cl]^{2+}$ 溶液。$[Cr(H_2O)_4Cl_2]^+$ 溶液在加热时会大量转化为$[Cr(H_2O)_5Cl]^{2+}$,将 5 mL 0.35 mol·L^{-1} 的 $[Cr(H_2O)_4Cl_2]^+$ 溶液在 50~60 ℃的水浴中放置 2~3 min,立即把此溶液加入到交换柱中,排出多余溶液,直到其高度与树脂相同,用 0.1 mol·L$^{-1}HClO_4$ 淋洗,除去可能未转化的$[Cr(H_2O)_4Cl_2]^+$,然后用 1.0 mol·L$^{-1}HClO_4$ 淋洗所需要的$[Cr(H_2O)_5Cl]^{2+}$,用同样的方法收集淋洗液,并测定$[Cr(H_2O)_5Cl]^{2+}$的紫外-可见光谱。

(3) $[Cr(H_2O)_6]^{3+}$ 溶液。将 5 mL $[Cr(H_2O)_4Cl_2]^+$ 溶液加热,使其沸腾 5 min,冷却到室温后加入到交换柱中,排出多余溶液,直到其高度与树脂高度相同,先用 1.0 mol·L$^{-1}HClO_4$ 淋洗,除去可能未转化的 $[Cr(H_2O)_4Cl_2]^+$ 或 $[Cr(H_2O)_5Cl]^{2+}$,然后用 3.0 mol·L$^{-1}HClO_4$ 淋洗$[Cr(H_2O)_5Cl]^{2+}$,用同样的

方法收集蓝色淋洗液,并测定$[Cr(H_2O)_6]^{3+}$的紫外-可见光谱。

4. 三氯化铬溶液中不同配合物离子的分离和鉴定

将 10 mL 放置若干小时的 $CrCl_3 \cdot 6H_2O$ 溶液加入到交换柱中,排出多余溶液,直到其高度与树脂高度相同,先用 $0.1 \ mol \cdot L^{-1}$ $HClO_4$ 淋洗交换柱,用与步骤 3 同样的方法接收绿色溶液,立即测定其紫外-可见光谱,接着用 $1.0 \ mol \cdot L^{-1}$ $HClO_4$ 淋洗交换柱,用同样方法接收绿色溶液,立即测定其紫外-可见光谱,最后用 $3.0 \ mol \cdot L^{-1}$ $HClO_4$ 淋洗交换柱,同样接收蓝色淋洗液,测定其紫外-可见光谱。

5. 实验结果和数据处理

(1) 由各配合物离子的紫外-可见光谱,确定其特征吸收峰波长 λ 和摩尔吸收系数 ε_m:

$[Cr(H_2O)_4Cl_2]^+$ λ _____ ε_m _____

$[Cr(H_2O)_5Cl]^{2+}$ λ _____ ε_m _____

$[Cr(H_2O)_6]^{3+}$ λ _____ ε_m _____

(2) 由三氯化铬溶液的离子交换淋洗液的紫外-可见光谱确定其配离子种类及其相对含量。

四、思考题

(1) 为什么用高氯酸而不用盐酸来淋洗交换柱中的 Cr(Ⅲ)配合物离子?

(2) 试从配合物离子可见光谱中吸收峰位置的变化说明 Cl^- 和 H_2O 的相对配体场强度。

五、背景知识

离子交换树脂分离是最常用的化学分离方法之一,特别对于性质很相似或含量很低的元素,离子交换树脂的应用尤为重要。

离子交换树脂是一种高分子聚合物,它是苯乙烯和二乙烯苯等单体聚合而成的高分子聚合物母体,然后引入可交换的活性基团。根据活性基团性质的不同,可以分为阳离子交换树脂和阴离子交换树脂两大类,根据交换基团酸碱性的强弱,又可分为强酸型、弱酸型、强碱型、弱碱型等类型。

本实验所用的阳离子交换树脂,其结构如图 6-4 所示,整个树脂可用简式 $RSO_3^- H^+$ 表示。

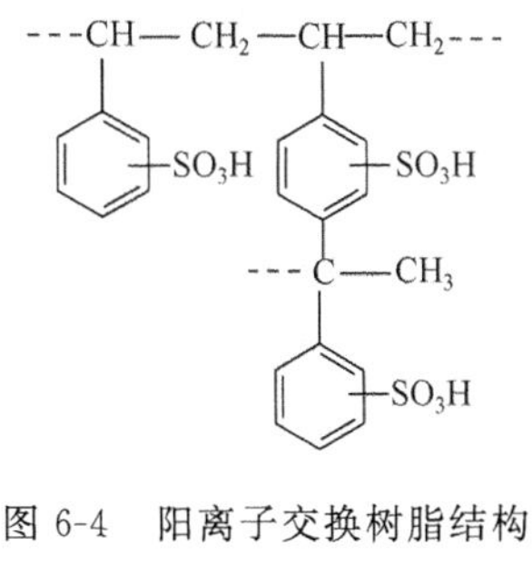

图 6-4 阳离子交换树脂结构

　　离子交换树脂的性质与它的交换性能有着密切的关系。树脂颗粒的大小对树脂的交换能力、水通过树脂层的压力降以及交换和淋洗时树脂的流失都有很大的影响。树脂颗粒小,总面积大,有利于交换,但颗粒过细时树脂层的压力降大,淋洗时的流失也大,所以颗粒大小的选择需视分离程度的要求而定。在能达到所要求分离程度的前提下,颗粒尽可能选择大些,这样有利于操作并能提高效率。用于分离的树脂颗粒一般为 60～100 目。树脂的交联度对交换性能也有影响。交联度用于表示树脂结构中交联程度的大小,是指树脂中的乙烯苯的质量分数。交联度大,树脂网眼就小,对交换反应选择性好,但达到平衡的时间增加。目前生产上采用的聚苯乙烯型树脂的交联度一般是 8%～10%。树脂的交换性能和分离效果还与具体的操作条件有关。淋洗速度直接影响树脂的交换性能和分离效果,淋洗速度慢,交换反应进行得完全,分离效果好。但速度太慢,离子向其他方向扩散的机会增加,反而降低分离效果。适当的淋洗速度主要是通过实践来确定。离子交换柱的柱长与直径之比对分离效果也有影响。一般说,柱长与直径之比越大,分离效果越好,但柱长太大、直径太小,则会增加吸附层的厚度,使阻力增大,淋洗速度变慢,并增加淋洗液的消耗。实践证明,分离柱的柱长与直径之比为 20 左右比较适中。另外,淋洗液的浓度、操作温度等对树脂的交换性能和分离效果也有一定的影响。

　　若含有阳离子 M^+ 的溶液通过上述树脂 $RSO_3^-H^+$ 时,M^+ 对树脂 RSO_3^- 有一定的亲和力,并将置换 H^+,置换的程度取决于 M^+ 的性质及其浓度,可用以下的平衡式来表示:

$$RSO_3^-H^+ + M^+ \rightleftharpoons RSO_3M + H^+$$

　　对于任何给定的 M^+,都有一个特定的平衡常数,而平衡位置由溶液中 M^+ 和 H^+ 的相对浓度来决定。如果溶液中的 H^+ 浓度低,M^+ 就会在最大程度上与 RSO_3^- 基团结合;增大 H^+ 的浓度,就可将树脂中结合的 M^+ 置换出来。对于不同的阳离子 M_1^+ 和 M_2^+ 来说,与树脂亲和力较弱的阳离子 M_1^+ 可在 H^+ 浓度相对低时被置换,而为了置换与树脂亲和力较强的 M_2^+,则要求较高的 H^+ 浓度。

　　本实验中要分离的配合物离子是 $[Cr(H_2O)_4Cl_2]^+$、$[Cr(H_2O)_5Cl]^{2+}$、$[Cr(H_2O)_6]^{3+}$。在 $CrCl_3 \cdot 6H_2O$ 的弱酸性溶液中,由于始终存在着 Cr^{3+} 的水合作用,因此,在溶液中会存在 $[Cr(H_2O)_4Cl_2]^+$、$[Cr(H_2O)_5Cl]^{2+}$、$[Cr(H_2O)_6]^{3+}$ 配合物离子,其相对数量取决于溶液的放置时间和温度。当含有这三种配合物离子的弱酸性溶液($2×10^{-3}$ mol·L^{-1} $HClO_4$)通过 $RSO_3^-H^+$ 树脂的交换柱时,三种配合物离子都将牢固地吸附在树脂上。如果用 0.1 mol·L^{-1} $HClO_4$ 的酸溶液通过交换柱时,则与树脂结合最弱的 $[Cr(H_2O)_4Cl_2]^+$ 被淋洗下来;如用 H^+ 浓度增加至 1.0 mol·L^{-1} $HClO_4$ 的酸溶液通过交换柱时,则 $[Cr(H_2O)_5Cl]^{2+}$ 被淋洗下来;最后用 3.0 mol·L^{-1} $HClO_4$ 的酸溶液可把与树脂结合得最牢固的 $[Cr(H_2O)_6]^{3+}$ 淋洗下来,这样可分离得到三种配合物离子。分别测定这三种配合物离子溶液的紫外-可见光谱进行鉴定,并确定各配合物离子的含量。

(柴雅琴　肖冬荣)

综合 6　配合物键合异构体的制备及红外光谱的测定

一、课前准备

通过 $[Co(NH_3)_5NO_2]Cl_2$ 和 $[Co(NH_3)_5ONO]Cl_2$ 的制备,了解配合物键合异构现象;利用红外光谱图鉴别这两种不同的键合异构体;熟悉键合异构体的制备方法,复习本实验中涉及的基本操作;了解用红外光谱法鉴别键合异构体的方法。

二、实验器材与试剂

器材:红外分光光度计,烧杯,量筒,水浴锅,烧杯,抽滤瓶,布氏漏斗,循环水真空泵,滤纸。

试剂:$NH_4Cl(s)$,$CoCl_2 \cdot 6H_2O(s)$,$NaNO_2(s)$,$H_2O_2(30\%)$,$NH_3 \cdot H_2O$(浓,2 mol $\cdot$ L^{-1}),$HCl(4 \text{ mol} \cdot L^{-1})$。

三、实验内容

1. $[Co(NH_3)_5Cl]Cl_2$ 的制备

利用实验 20 制备的产品。

2. 键合异构体(Ⅰ)的制备

称取 1.0 g $[Co(NH_3)_5Cl]Cl_2$ 于 15 mL 2 mol $\cdot$ L^{-1} 氨水中溶解,水浴加热,过滤除去不溶物。滤液冷却后,用 4 mol $\cdot$ L^{-1} HCl 酸化到 pH 为 3~4,加入 1.5 g $NaNO_2$,加热,使析出的沉淀全部溶解。冷却后,在通风橱内小心加入 15 mL 浓盐酸,得棕黄色沉淀,在冰水中冷却,滤出沉淀,用无水乙醇洗涤,风干,称量。

3. 键合异构体(Ⅱ)的制备

用 25 mL 4 mol $\cdot$ L^{-1} 氨水溶解 1.0 g $[Co(NH_3)_5Cl]Cl_2$,水浴加热使其溶解,过滤除去不溶物。冷却后,以 4 mol $\cdot$ L^{-1} HCl 中和至溶液 pH 为 5~6,加入 1.0 g $NaNO_2$,搅拌使其溶解,加入 4 mol $\cdot$ L^{-1} HCl 调节 pH=4,得橙红色沉淀,在冰水中冷却,抽滤,用乙醇洗涤,风干,称量。橙红色异构体对光和热不稳定,会逐渐转变为稳定的黄色异构体,所以必须测定新制备样品的红外光谱。

4. 键合异构体红外光谱的测试

在 $250\sim4000\ \text{cm}^{-1}$ 范围内摄取上述新鲜制备的两种异构体的红外光谱（图 6-5）。在测得的两种异构体的红外光谱图上，标识并解释谱图的主要特征吸收峰。

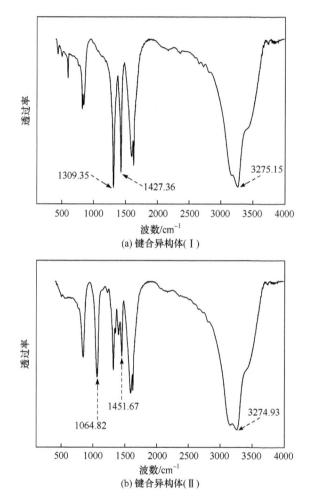

(a) 键合异构体（Ⅰ）

(b) 键合异构体（Ⅱ）

图 6-5　二氯化一氯五氨合钴（Ⅲ）键合异构体的红外光谱图

二氯化亚硝酸五氨合钴 $[\text{Co}(\text{NH}_3)_5\text{ONO}]\text{Cl}_2$ 不稳定，易转变为二氯化硝基五氨合钴 $[\text{Co}(\text{NH}_3)_5\text{NO}_2]\text{Cl}_2$。因此，必须将新制的样品马上摄取红外光谱。为了说明异构体（Ⅱ）的不稳定性，可将该异构体放于干燥器中保存数日，然后观察其颜色变化，并摄取红外光谱，与新鲜制品的谱图进行比较。

四、思考题

（1）两个异构体在分子对称性上有何差异？如何根据对称性的差异预言两者的图谱的各自特点？根据两种异构体的红外光谱，确认哪个是以氮配位的硝基配合物，哪个是以氧配位的亚硝酸根配合物。

（2）如何识别上述两个配合物中配体 NH_3 的特征吸收？

（3）异构体（Ⅱ）（亚硝酸根配合物）放置数天后所测得的红外光谱与新鲜制备时测得的图谱有何区别？这一差别有何实际应用意义？

（4）常见的能产生键合异构现象的配位体还有哪些？试举例说明。

五、背景知识

配合物的键合异构体是由同一个配体，通过不同配位原子与中心原子配位而形成的多种配合物，称为配合物的键合异构体。例如 $[Co(NH_3)_5NO_2]^{2+}$ 和 $[Co(NH_3)_5ONO]^{2+}$ 就显示出键合异构现象。当亚硝酸根离子通过氮原子与中心离子配位时称为硝基配合物；当亚硝酸离子通过氧原子与中心离子配位时称为亚硝基配合物。

红外光谱是测定配合物键合异构体的最有效的方法。每一个基团都有它自己的特征频率，基团的特征频率是受其原子的质量和力常数等因素影响的。可用下式表示

$$\nu = \frac{1}{2}\pi\,(k/\mu)^{1/2}$$

式中，ν 为频率；k 为基团的化学键力常数；μ 为基团中成键原子的折合质量。由上式可知，基团的力常数越大，折合质量越小，则基团的特征频率就越高。反之，基团的特征频率就越低。

当基团与金属离子形成配合物时，由于配位键的形成不仅引起金属离子与配位原子间的振动（这种振动称为配合物的骨架振动），还影响配位体中原有基团的特征频率。配合物的骨架振动直接反映配位键的特性和强度，这样就可以通过骨架振动的测定来直接研究配合物的配位键性质。但是，由于配合物的中心原子一般质量都比较大，而且配位键的力常数较小，因此这种配位键的振动频率将出现在 $200\sim500~\text{cm}^{-1}$ 的低频区。这给研究配位键带来很大的困难。目前通常利用由于配合物的形成而影响配体基团的特征频率的变化来进行研究。配合物的形成改变了配体的对称性和配体中某些原子的电子密度，同时还可能引起配位构型的变化，这些都能引起配体特征频率的变化。这种变化主要表现在以下三个方面：

（1）吸引谱带的位置发生变化。

（2）相应吸引谱带的强度发生变化。

（3）吸引带的分裂。

　　要对上述这些变化作出确切的解释是困难的,实际上,常常把新的配合物光谱和含有同样配体的已知配合物光谱作比较,然后再作判别。

　　研究配合物的振动光谱可给配合物的形成、结构、对称性和稳定性提供有价值的信息,可以用来研究配合物中的键合异构、顺反异构、配位体桥和反配位体作用等。

　　区别硝基和亚硝酸根时,配合物的振动光谱是很有用的。亚硝酸根离子本身具有低的对称性(C_{2v}),它的三个振动方式,对称的 N—O 伸缩振动 ν_s、反对称的 N—O 伸缩振动 ν_{as} 和变形(变曲)振动 δ,全部是红外活性的。因此红外光谱带的数目不能因为配位作用而改变,必须依赖于频率的位移来解释。δ 振动对于配位的几何构型相当不灵敏,但是可以通过 ν_s 和 ν_{as} 的特征位移区别硝基和亚硝酸根结构。对于硝基配合物来说,两个频率是相似的,ν_s 为 1300～1340 cm^{-1},ν_{as} 为 1360～1430 cm^{-1},这与在硝基中的两个 N—O 键序相符合。亚硝酸根配合物两个 ν_{NO_2} 被分开,$\nu_{N=O}$ 和 ν_{NO} 分别为 1400～1500 cm^{-1} 和 1000～1100 cm^{-1}。硝基和亚硝酸根配位之间的差别可根据这一点进行判别。

(柴雅琴　谷名学)

综合 7　三草酸合铁(Ⅲ)酸钾的系列实验

步骤一　三草酸合铁(Ⅲ)酸钾的制备

一、课前准备

　　利用网络查阅有关三草酸合铁(Ⅲ)酸钾的用途、国内外生产情况、市场价格等信息以及有关的使用规定和质量标准。

　　阅读教材,了解有关三草酸合铁(Ⅲ)酸钾的性质。掌握配合物制备的基本原理;熟悉基本操作,把握实验的关键技术。

　　复习关于配合物的基础知识。思考下列问题:①本实验中影响三草酸合铁(Ⅲ)酸钾产量的主要因素有哪些? ②三草酸合铁(Ⅲ)酸钾见光易分解,应如何保存?

　　总结出本实验的原理和你希望达到的实验目的,写出预习报告。

二、实验器材与试剂

　　器材:烧杯,量筒,漏斗,抽滤瓶,布氏漏斗,循环水真空泵,蒸发皿,表面皿。

　　试剂:莫尔盐(s),草酸钾(s),氢氧化钾(s),草酸(s,0.5 mol·L^{-1}),H_2O_2 (30%),氨水(6 mol·L^{-1}),乙醇(95%)。

三、实验内容

1. 制备 $Fe(OH)_3$

称 5 g 莫尔盐(实验 10 中制备的产品)放入 250 mL 水中,加热溶解。加入 5 mL 30% 过氧化氢,搅拌,微热。溶液变为棕红色并有少量棕色沉淀生成,往此烧杯中再加入 6 mol·L^{-1}氨水(按计算量过量 50%)至溶液中,使氢氧化铁沉淀完全,直接加热,不断搅拌,煮沸后静置,倾去上层清液。在留下的沉淀中加入 100 mL 水,进行同样操作洗涤沉淀,然后进行抽滤。再用 50 mL 热水洗沉淀,抽干,得氢氧化铁沉淀。

2. 制备 $K_3[Fe(C_2O_4)_3]·3H_2O$

称取 2 g 氢氧化钾和 5 g 草酸加入 100 mL 水中,加热使其完全溶解后,在搅动下,将氢氧化铁沉淀加入此溶液中。加热,使氢氧化铁溶解,溶液层为翠绿色。过滤,除去不溶物,将滤液收集在蒸发皿中,在水浴上浓缩至 20 mL。制备 $K_3[Fe(C_2O_4)_3]·3H_2O$ 晶体可采用以下两种方式:

(1) 将浓缩液转移至 50 mL 的烧杯中,用冰水浴冷却,搅拌,便析出翠绿色晶体。将晶体先用少量水洗,后用 95% 乙醇洗,用滤纸吸干,称量,计算产率。

(2) 往所得的透明绿色溶液中加入 95% 乙醇(以不出现沉淀为度,约 10 mL 左右),将一小段棉线悬挂在溶液中,棉线可固定在一段比烧杯口径稍大的塑料条上。将烧杯盖好,在暗处放置数小时后,即有 $K_3[Fe(C_2O_4)_3]·3H_2O$ 晶体析出。减压过滤,往晶体上滴少量 95% 乙醇洗涤后继续抽干,称量,计算产率。

四、思考题

(1) 制备 $Fe(OH)_3$ 实验中加热煮沸的目的是什么?
(2) 影响三草酸合铁(Ⅲ)酸钾产量的主要因素有哪些?
(3) 三草酸合铁(Ⅲ)酸钾见光易分解,应如何保存?

(柴雅琴)

步骤二 三草酸合铁(Ⅲ)酸钾组成测定

一、课前准备

查阅相关资料,学习测定物质组成的一般方法。掌握配合物的定性、定量化学分析的基本原理和操作技术。掌握确定化合物化学式的基本原理和方法。巩固容量分析等基本操作。

利用以下的分析方法可测定三草酸合铁(Ⅲ)酸钾各组分的含量,通过推算便可确定其化学式。①用重量分析法测定结晶水含量;②用高锰酸钾法测定草酸根含量;③用高锰酸钾法测定铁含量;④确定钾含量。

预习用高锰酸钾法测定草酸根和 Fe^{2+} 的原理、操作和实验数据处理。

二、实验器材与试剂

器材:锥形瓶,酸式滴定管,分析天平,电热烘箱,瓷坩埚,干燥器,烧杯,量筒 (10 mL),抽滤瓶,布氏漏斗,循环水真空泵。

试剂:锌粉,H_2SO_4(3 mol · L^{-1}),$KMnO_4$ 标准溶液(0.02000 mol · L^{-1})。

三、实验内容

1. 结晶水含量的测定

洗净两个瓷坩埚(记下编号),在 110 ℃电热烘箱中干燥 1 h,置于干燥器中冷却至室温,在分析天平上称量,然后放到 110 ℃电热烘箱中干燥 0.5 h,重复上述干燥、冷却、称量操作,直至恒量(两次称量相差不超过 0.3 mg)为止。在分析天平上准确称取两份样品(产物)各 0.5~0.6 g,分别放入上述已恒量的两个称量瓶中。在 110 ℃电热烘箱中干燥 1 h,然后置于干燥器中冷却至室温,称量。重复上述干燥、冷却、称量操作,直至恒量。根据称量结果计算产物中的结晶水含量。

2. 草酸根含量的测定

精确称取样品 2 份(计算所需的质量),分别放入 250 mL 锥形瓶中,加入 10 mL 蒸馏水和 5 mL 3 mol · L^{-1} H_2SO_4,用水浴将锥形瓶溶液加热至 70~80 ℃,用标准 $KMnO_4$ 溶液滴定至试液呈微红色且 30 s 内不消失,记下消耗 $KMnO_4$ 溶液的体积,计算产物中 $C_2O_4^{2-}$ 含量[1]。重复滴定 1 次。

3. 铁离子含量测定

在上述用 $KMnO_4$ 溶液滴定过的溶液中加入 1 g 锌粉(溶液黄色应消失),加热 2~3 min 将 Fe^{3+} 还原为 Fe^{2+}。减压抽滤除去多余的锌粉,用温稀硫酸洗涤锌粉 2 次,合并滤液于 250 mL 锥形瓶中,补充 2 mL 3 mol · L^{-1} H_2SO_4。用标准 $KMnO_4$ 溶液滴定至试液呈微红色且 30 s 内不消失,记下消耗 $KMnO_4$ 溶液的体积,计算产物中的铁离子含量[2]。重复滴定 1 次。

4. 钾含量确定

由测得 H_2O、$C_2O_4^{2-}$、Fe^{3+} 的含量可计算出 K^+ 的含量,并由此确定配合物的化学式。

四、思考题

（1）为什么在测定铁离子含量时，需要加入过量的还原剂锌粉？

（2）为什么用稀硫酸洗涤锌粉而不用水洗？

【注释】

［1］用高锰酸钾滴定 $C_2O_4^{2-}$ 时，为了加快反应速率，需升温至 $75\sim85\ ℃$，但不能超过 $85\ ℃$，否则草酸易分解。滴定完成后保留滴定液，用来测定铁含量。

［2］加入的还原剂锌粉需过量，滴定前过量的锌粉应过滤除去。过滤是要做到使 Fe^{2+} 定量地转移到滤液中，因此过滤后要对漏斗中的锌粉进行洗涤。洗涤液与滤液合并用来滴定。另外，洗涤时不能用水，而要用稀硫酸。

（柴雅琴）

步骤三　草酸合铁（Ⅲ）酸钾的性质及配阴离子电荷的测定

一、课前准备

$K_3[Fe(C_2O_4)_3] \cdot 3H_2O$ 是光敏物质，见光易分解，变为黄色。在 $K_3Fe(C_2O_4)_3$ 溶液中加入酸、碱、沉淀剂及比 $C_2O_4^{2-}$ 配位能力强的配合剂，将会改变 $C_2O_4^{2-}$ 或 Fe^{3+} 的浓度，使配位平衡移动，甚至可使平衡遭到破坏或转化成另一种配合物。

本实验用阴离子交换法测定三草酸合铁（Ⅲ）酸根离子的电荷数。收集交换出来的含 Cl^- 的溶液，用标准硝酸银溶液滴定（莫尔法），测定氯离子的含量，就可以确定配阴离子的电荷数 Z。

二、实验器材与试剂

器材：点滴板，烧杯，试管，分析天平，酸式滴定管，称量瓶，移液管，玻璃管（$20\ mm \times 400\ mm$），容量瓶（$100\ mL$）。

试剂：$K_3[Fe(C_2O_4)_3] \cdot 3H_2O(s)$（本实验步骤一中的产品），$H_2SO_4$（$3\ mol \cdot L^{-1}$），$HAc$（$6\ mol \cdot L^{-1}$），氨水（$2\ mol \cdot L^{-1}$），$NaOH$（$2\ mol \cdot L^{-1}$），$K_3[Fe(CN)_6]$（$0.5\ mol \cdot L^{-1}$），$K_2C_2O_4$（$1\ mol \cdot L^{-1}$），酒石酸氢钠饱和溶液，$CaCl_2$（$0.5\ mol \cdot L^{-1}$），$FeCl_3$（$0.1\ mol \cdot L^{-1}$），$KSCN$（$1\ mol \cdot L^{-1}$），$Na_2S$（$0.5\ mol \cdot L^{-1}$），$NH_4F$（$1\ mol \cdot L^{-1}$），国产 717 型苯乙烯强碱型阴离子交换树脂，$AgNO_3$（$0.1000\ mol \cdot L^{-1}$标准溶液），$K_2CrO_4$（$5\%$），$NaCl$（$1\ mol \cdot L^{-1}$）。

三、实验内容

1. 制备的三草酸合铁(Ⅲ)酸钾的性质

1) 三草酸合铁(Ⅲ)酸钾的光敏试验

(1) 在表面皿或点滴板上放少许 $K_3[Fe(C_2O_4)_3] \cdot 3H_2O$ 产品,置于日光下一段时间后观察晶体颜色的变化,与放暗处的晶体比较。

(2) 取 0.5 mL 三草酸合铁(Ⅲ)酸钾的饱和溶液与等体积的 0.5 mol·L^{-1} $K_3[Fe(CN)_6]$ 溶液混合均匀。用毛笔蘸此混合液在白纸上写字,字迹经强光照射后,由浅黄色变为蓝色。或用毛笔蘸此混合液均匀涂在纸上,放暗处晾干后,附上图案,在强光下照射,曝光部分变深蓝色,即得到蓝底白线的图案。

2) 配合物的性质

称取 1 g 三草酸合铁(Ⅲ)酸钾溶于 20 mL 蒸馏水中,溶液供下面确定配合物内外界的实验用。

(1) 检定 K^+:取两支试管分别加入少量 1 mol·L^{-1} $K_2C_2O_4$ 和产品溶液,再分别与饱和酒石酸氢钠($NaHC_4H_4O_6$)溶液作用。充分摇匀,观察现象是否相同。如果现象不明显,可用玻璃棒摩擦试管内壁,稍等,再观察。

(2) 检定 $C_2O_4^{2-}$:取两支试管分别加入少量 1 mol·L^{-1} $K_2C_2O_4$ 和产品溶液,再分别加入 2 滴 0.5 mol·L^{-1} $CaCl_2$ 溶液,观察现象有何不同。

(3) 检定 Fe^{3+}:取两支试管分别加入少量 0.1 mol·L^{-1} $FeCl_3$ 及产品溶液,再分别加入 1 滴 1 mol·L^{-1} KSCN 溶液,观察现象有何不同。

综合以上实验现象,确定所制得的配合物中哪种离子在内界,哪种离子在外界。

3) 酸度对配位平衡的影响

(1) 在两支盛有少量产品溶液的试管中,各加 1 滴 1 mol·L^{-1} KSCN 溶液,然后分别滴加 6 mol·L^{-1} 的 HAc 和 3 mol·L^{-1} H_2SO_4,观察溶液颜色有何变化。

(2) 在少量产品溶液中滴加 2 mol·L^{-1} 氨水,观察有何变化。

试用影响配合平衡的酸效应及水解效应解释观察到的现象。

4) 沉淀反应对配位平衡的影响

在少量产品溶液中加 1 滴 0.5 mol·L^{-1} Na_2S 溶液,观察现象,写出反应式,并加以解释。

5) 配合物相互转变及稳定性比较

(1) 往少量 0.1 mol·L^{-1} $FeCl_3$ 溶液中加 1 滴 1 mol·L^{-1} KSCN,溶液立即变为血红色,再往溶液中滴入 1 mol·L^{-1} NH_4F 至血红色刚好褪去。将所得 FeF^{2+} 溶液分为两份,往一份溶液中加入 1 mol·L^{-1} KSCN,观察血红色是否容易重现。

从实验现象比较 $FeSCN^{2+}$ 和 FeF^{2+} 形成的难易。

（2）往另一份 FeF^{2+} 溶液中滴入 $1\ mol \cdot L^{-1} K_2C_2O_4$，至溶液刚好转为黄绿色，记下 $K_2C_2O_4$ 的用量，再往此溶液中滴入 $1\ mol \cdot L^{-1} NH_4F$ 至黄绿色刚好褪去，比较 $K_2C_2O_4$ 和 NH_4F 的用量，判断 FeF^{2+} 和 $[Fe(C_2O_4)_3]^{3-}$ 形成的难易。

（3）在 $0.5\ mol \cdot L^{-1} K_3[Fe(CN)_6]$ 和产品溶液中分别滴入 $2\ mol \cdot L^{-1} NaOH$，对比现象有何不同。$[Fe(CN)_6]^{3-}$ 与 $[Fe(C_2O_4)_3]^{3-}$ 相比，何者较稳定？

综合以上实验现象，定性判断配位体 SCN^-、F^-、$C_2O_4^{2-}$、CN^- 与 Fe^{3+} 配位能力的强弱。

2. 制备的三草酸合铁（Ⅲ）酸根离子电荷数的测定

1）装柱

将预先处理好的国产 717 型苯乙烯强碱型阴离子交换树脂（氯型）RN^+Cl^- 装入一支 $20\ mm \times 400\ mm$ 的玻璃管中，要求树脂高度约为 $20\ cm$，注意树脂顶部保留 $0.5\ cm$ 的水，放入一团玻璃丝，防止注入溶液时将树脂冲起。装好的交换柱应均匀、无裂缝、无气泡。用蒸馏水洗树脂，至检查流出的水不含 Cl^- 为止，再使水面下降至至树脂顶部相距 $0.5\ cm$ 左右，用螺旋夹夹紧柱下部的胶管，待用。

2）交换

称量 $1\ g$（准确至 $1\ mg$）三草酸合铁（Ⅲ）酸钾，用 $10\sim15\ mL$ 蒸馏水溶解，全部转移至交换柱中。松开螺旋夹，控制每分钟 $3\ mL$ 的流出速度，用 $100\ mL$ 容量瓶收集流出液，当柱中液面下降至离树脂 $0.5\ cm$ 左右时，用少量蒸馏水洗涤小烧杯并转入交换柱，重复两三次后再用滴管吸取蒸馏水洗涤交换柱上部管壁上残留的溶液，使样品溶液尽可能全部流过树脂床。待容量瓶收集的流出液达 $60\sim70\ mL$ 时，可检验流出液中不含 Cl^- 为止（与开始淋洗时比较），将螺旋夹夹紧。用蒸馏水稀释容量瓶内溶液至刻度，摇匀，作滴定用。

3）测定 Cl^- 的物质的量和计算配阴离子的电荷数

准确吸取 $25.00\ mL$ 淋洗液于锥形瓶内，加入 $1\ mL\ 5\%\ K_2CrO_4$ 溶液，以 $0.1000\ mol \cdot L^{-1} AgNO_3$ 标准溶液滴定至终点，记录数据。重复滴定一两次。

四、思考题

（1）影响配合物稳定性的因素有哪些？

（2）用离子交换法测定三草酸合铁（Ⅲ）酸钾配阴离子的电荷时，如果交换后的流出速度过快，对实验结果有什么影响？

（柴雅琴）

步骤四　三草酸合铁(Ⅲ)酸钾的表征

一、课前准备

物质受热时发生化学反应,质量也就随之改变,测定物质质量的变化就可研究其变化过程。查阅资料,并仔细阅读本书 5.3.1,学习热重分析法的一般原理和热分析仪的基本构造,能分析三草酸合铁(Ⅲ)酸钾的热重曲线。查阅资料并阅读《理化测试(Ⅰ)》2.3.3 和 7.4.4、7.4.5,复习该书实验 23,理解红外光谱分析的原理和仪器操作,分析三草酸合铁(Ⅲ)酸钾成键情况。

二、实验器材与试剂

器材:红外光谱仪,SDT Q600 热分析仪,Al_2O_3 坩埚。

试剂:$K_3[Fe(C_2O_4)_3] \cdot 3H_2O(s)$(本实验步骤一中合成的产品),氮气。

三、实验内容

1. 热重分析

按本书 7.3 节操作仪器。本实验测试参数设置如下:

"Procedure mode"设定为"SDT Standard"。

"Procedure test"设定为"Custom"。

升温速度"method"为"以 20 ℃每分钟的加热速度加热到 600 ℃"。

保护气选择氮气,气体流量为 100 mL·min^{-1}。

样品坩埚为 Al_2O_3 坩埚。

2. 红外光谱分析

利用红外光谱确定 $C_2O_4^{2-}$ 及结晶水。制样(取少量 KBr 晶体及小于 KBr 用量百分之一的样品,在玛瑙研钵中研细,压片),在红外光谱仪上测定红外吸收光谱,并将谱图各主要谱带与标准红外光谱图对照,确定是否含有 $C_2O_4^{2-}$ 及结晶水。草酸根形成配合物红外吸收的振动频率和谱带归属见表 6-1。

表 6-1　草酸根形成配合物红外吸收的振动频率和谱带归属

频率/cm^{-1}	谱带归属
1712、1677、1649	羰基 C≡O 的伸缩振动吸收带
1390、1270、1255、885	C—O 伸缩与—O—C≡O 弯曲振动
797、785	O—C≡O 弯曲及 M—O 键的伸缩振动
528	C—C 的伸缩振动吸收带
498	环变形及 O—C≡O 弯曲振动
366	M—O 伸缩振动吸收带

结晶水的吸收带在 $3550\sim3200\ cm^{-1}$，一般在 $3450\ cm^{-1}$ 附近，所以只要将产品红外谱图的各吸收带与之对照即可得出定性的分析结果。

四、思考题

(1) 查阅资料确认三草酸合铁(Ⅲ)酸钾在 $0\sim600\ ℃$、N_2 气氛下的热分解过程。

(2) 根据三草酸合铁(Ⅲ)酸钾各阶段失重百分比，分析三草酸合铁酸钾在各阶段分解后的分解产物，并写出化学反应方程式。

(3) 计算理论失重量，与实验值相比较，并分析第一步和第三步失水过程的失重百分比为什么要低于理论值，第二步和第四步失重百分比之和为什么高于理论值。

(4) 估算所合成的三草酸合铁酸钾的纯度。

(5) 根据三草酸合铁(Ⅲ)酸钾的合成过程及它的 TG 曲线，你认为该化合物应如何保存？

(石　燕　柴雅琴)

步骤五　三草酸合铁(Ⅲ)酸钾磁化率的测定

一、课前准备

磁化率的测定在化学中有一系列重要的应用，它可以推断分子、原子、离子(包括配离子)和自由基中未成对电子数，由此可确定其电子排布及其空间构型。对于研究过渡金属配合物的配位键类型、配离子立体结构，以及判断是高自旋配合物还是低自旋配合物，磁化率的测定是极为重要的手段之一。

预习《理化测试(Ⅱ)》5.2 节和该书实验 32，熟悉古埃磁天平的使用方法。复习配合物的磁化率测定中的相关计算方法。

二、实验器材与试剂

器材：古埃磁天平(国产)，软质玻璃样品管(直径 8 mm、长度 19 cm)，装样工具(包括研钵、角匙、小漏斗、玻璃棒)，电吹风机，台秤，温度计。

试剂：$(NH_4)_2Fe(SO_4)_2\cdot6H_2O(s)$，$K_3[Fe(C_2O_4)_3]\cdot3H_2O(s)$(本实验步骤一合成的产品)。

三、实验内容

1. 间接标定磁场两极中心处磁场强度 H

用已知 χ_m 的莫尔盐标定对应于选定励磁电流值的磁场强度 H。

(1) 取一支清洁、干燥、已知粗略质量(台秤称出)的空样品管悬挂在与磁天平挂钩相连的尼龙丝上,使样品管底部正好与磁极中心线齐平,准确称得空管质量。关闭天平,将天平盘托起,然后将励磁稳流电流开关接通,由小至大调节电流到2 A,迅速且准确地称取此时空管的质量。关闭天平,将天平盘托起,继续由小至大调节励磁电流至3 A,迅速准确地称取此时空管的质量;继续将励磁电流缓升至4 A,再称空管的质量。关闭天平,将天平盘托起,继续将励磁电流缓升到4 A+ΔI,接着又将励磁电流降至4 A,再次称取空管的质量。关闭天平,将天平盘托起,再将励磁电流由大至小降至3 A,称空管质量。用同样方法测得2 A励磁电流下空管的质量。关闭天平,将天平盘托起,将励磁电流降至零,断开电源开关,此时磁场无励磁电流,再次称空管的质量。

用此法重复测定一次,将两次测得的数据取平均值,实验数据记入表6-2。

表 6-2　空样品管测定数据　　　　　　　　　　实验温度＿＿＿℃

I/A	$m_空$/g		$m_空$/g		$\overline{m}_空$/g	$\Delta m_空$/g
	↓	↑	↓	↑		
0						
2						
3						
4						

励磁电流采用由小到大再由大到小的测定方法,是为了抵消测定时磁场剩磁现象的影响。此外,实验时还须避免气流扰动对测量的影响,并注意勿使样品管与磁场碰撞。

(2) 取下样品管,把事先研细的莫尔盐通过小漏斗装入样品管,样品要少量多次装入,并不断使样品管垂直桌面,以其底部轻轻敲击桌面,使样品均匀填实,样品高度约为15 cm。用直尺准确测量样品高度 h。粗称 $m_{空+标样}$ 质量。

用与(1)相同的方法,将装有莫尔盐的样品管置于磁天平中。在相应的无励磁电流、2 A、3 A、4 A 及 4 A、3 A、2 A、无励磁电流下测定 $m_{空+标样}$ 的值。重复测定一次,将两次测定结果取平均值,数据记入表6-3。

表 6-3　莫尔盐标定磁场强度 H 数据

　　　　　　　　　　　　　　　h＿＿＿＿＿cm;$m_{标样}$＿＿＿＿＿g

I/A	$m_{空+标样}$/g		$m_{空+标样}$/g		$\overline{m}_{空+标样}$/g	$\Delta m_空$/g	$\Delta m_{标样}$/g	$H_{标样}$/(A·m^{-1})
	↓	↑	↓	↑				
0								
2								
3								
4								

将样品管中的莫尔盐倒入回收瓶中,彻底洗净样品管,然后用蒸馏水、乙醇、丙酮依次清洗,并用电吹风机吹干。

2. 测定样品 $K_3[Fe(C_2O_4)_3] \cdot 3H_2O$ 的摩尔磁化率

在同一支样品管中装入干燥研细的 $K_3[Fe(C_2O_4)_3] \cdot 3H_2O$ 样品,装样品的紧密程度要与装标定物尽量一致,装样的体积要一样(高度相等)。重复上述(2)的测量步骤,数据记入表 6-4。

表 6-4 样品摩尔磁化率测定数据

h _____ cm; $m_{样品}$ _____ g

I/A	$m_{空+样品}/g$		$m_{空+样品}/g$		$\overline{m}/g$	$\Delta m_{空+样品}/g$	$\Delta m_{样品}/g$	$\chi_{M样品}/(m^3 \cdot mol^{-1})$
	↓	↑	↓	↑				
0								
2								
3								
4								

3. 数据处理

(1) 计算莫尔盐的摩尔磁化率 χ_M(T 为热力学温度)。

$$\chi_M = \frac{9500}{T+1} \times 4\pi \times 10^{-9} \times M_r = \frac{4.68 \times 10^{-5}}{T+1} \quad (m^3 \cdot mol^{-1}) \qquad (6-1)$$

(2) 计算测定物质的摩尔磁化率。

$$\chi_M = \frac{2(\Delta m_{空+样品} - \Delta m_{空})ghM_r}{m_{样品}H^2} = \frac{2\Delta m_{样品}ghM_r}{m_{样品}H^2} \qquad (6-2)$$

(3) 推导出样品的摩尔磁化率 χ_M。

若外加磁场强度一定、样品管长度一定,则在同一磁场强度 H、同一样品管(h 一定)中进行测定,对不同物质而言,$2gh/H^2$ 为常数,用 β 表示,称为样品管校正系数。式(6-2)可改为

$$\chi_M = \frac{\Delta m_{样品} M_{r样品} \beta}{m_{样品}} \qquad (6-3)$$

$$\frac{\chi_{M样品}}{\chi_{M标样}} = \frac{\Delta m_{样品} M_{r样品}}{m_{样品}} \cdot \frac{m_{标样}}{\Delta m_{标样} M_{r标样}}$$

$$\chi_{M样品} = \frac{\Delta m_{样品} M_{r样品}}{m_{样品}} \cdot \frac{m_{标样}}{\Delta m_{标样} M_{r标样}} \chi_{M标样} = \frac{\Delta m_{样品} m_{标样}}{m_{样品} \Delta m_{标样}} \cdot \frac{M_{r样品}}{M_{r标样}} \chi_{M标样} \qquad (6-4)$$

其中:$M_r[(NH_4)_2Fe(SO_4)_2 \cdot 6H_2O] = 392.13$,$M_r\{K_3[Fe(C_2O_4)_3] \cdot 3H_2O\} = 491.15$。

$$\chi_{\text{M样品}} = \frac{\Delta m_{\text{样品}}\, m_{\text{标样}}}{m_{\text{样品}}\, \Delta m_{\text{标样}}} \times 1.25 \chi_{\text{M标样}} \tag{6-5}$$

(4) 由式(6-5)计算样品的平均磁化率 $\bar{\chi}_{\text{M}}$。

(5) 计算有效磁矩 μ_{eff}［参见《理化测试（Ⅱ）》公式(5-11)，该处表达为 μ_{m}］，根据《理化测试（Ⅱ）》公式(5-10)计算出 μ_{eff}。

(6) 求出形成配合物后中心离子的未成对电子数。

根据《理化测试（Ⅱ）》公式(5-11)计算出样品中心离子的未成对电子数，从而推断出配合物样品 $K_3[Fe(C_2O_4)_3]\cdot 3H_2O$ 为内轨型还是外轨型配合物。

四、注意事项

(1) 用特斯拉计直接读取的相应励磁电流下的磁场强度 H 值。

(2) 将莫尔盐摩尔磁化率 χ_{M}、莫尔盐质量 $m_{\text{样}}$、莫尔盐在磁场前后的质量变化 $\Delta m_{\text{样}}$ 和样品高度 h 代入 $\chi_{\text{M}} = \dfrac{2\Delta m_{\text{样品}}\, ghM_{\text{r}}}{m_{\text{样品}} H^2}$，求出磁场强度 H。

比较用特斯拉计和莫尔盐标定的相应励磁电流下的磁场强度值，两者测定的结果有差异，但数值相差较小。特斯拉计法是把被测磁场视为理想化的不均匀磁场，而莫尔盐法是通过质量的改变算出磁场强度，仅就测定磁场强度而言各有优劣之处。磁场强度的测定一般是用已知 χ_{M} 的盐间接标定。

五、思考题

(1) 使用古埃磁天平应该注意的事项有哪些？

(2) 影响摩尔磁化率测定结果的因素有哪些？如何降低它们的影响？

（柴雅琴）

综合 8　乙酰二茂铁的制备

一、课前准备

(1) 掌握利用傅瑞德尔-克拉夫茨（Friedel-Crafts）酰化反应（傅-克反应）制备非苯芳酮乙酰二茂铁的原理和方法。二茂铁具有类似苯的一些芳香性，比苯更容易发生亲电取代反应，例如傅-克反应：

二茂铁　　　　　　　乙酰二茂铁　　　　　　1,1′-二乙酰基二茂铁二茂铁的反应通常需在隔绝空气下进行,酰化时由于催化剂和反应条件不同,可得到一乙酰二茂铁或 1,1-二乙酰二茂铁。

（2）熟悉傅-克酰化反应原理。

（3）熟悉柱色谱分离方法。总结出本实验的原理和你希望达到的实验目的并写入预习报告中。

二、实验器材与试剂

器材:圆底烧瓶（100 mL）,滴管,干燥管,烧杯（500 mL）,沸水浴装置。

试剂:二茂铁（s）（由《有机物制备》实验 58 提供）,碳酸氢钠（s）,乙酸酐,磷酸（85%）,石油醚（60～90 ℃）。

三、实验内容

1. 投料

在 100 mL 圆底烧瓶中,加入 1 g 二茂铁和 10 mL 乙酸酐,在振荡下用滴管慢慢加入 2 mL 85% 的磷酸。

2. 反应加热

投料完毕后,用装有无水氯化钙的干燥管塞住瓶口,在沸水浴上加热 15 min,同时加振荡。

3. 化合物分离

将反应化合物倾入盛有 40 g 碎冰的 500 mL 烧杯中,并用 10 mL 冷水涮洗烧瓶,将涮洗液并入烧杯。在搅拌下,分批加入固体碳酸氢钠,到溶液呈中性为止。将中和后的反应化合物置于冰浴中冷却 15 min,抽滤收集析出的橙黄色固体,每次用 50 mL 冰水洗涤两次,压干后在空气中干燥。

4. 柱色谱分离

选用 1 个 25 mL 滴定管（内径约 9 mm）为柱色谱管,以硅胶为色谱剂（使用时在硅胶层下加约 5 mm 高的石英砂）,湿法装柱,备用。

将少量硅胶浆和溶解有 0.4 g 乙酰二茂铁的溶液小心倒入柱顶,再于柱顶加入 5 mm 石英砂。用淋洗液[石油醚:乙醚＝3:1（或者 2:1）]进行淋洗,以每秒 1 滴的速度接收淋洗液。观察柱上的颜色迁移,收集乙酰二茂铁的溶液于小抽滤瓶中,塞住瓶口,并用真空水泵抽除溶剂至干。称量固体样品的质量。

测定其熔点（84～85 ℃）并测定其在四氯化碳溶液中的红外光谱。将测得的数据及图谱与标准数据进行对照。

四、注意事项

（1）药品加入顺序为二茂铁、乙酐、磷酸,不可颠倒。

（2）滴加磷酸时一定要在振摇下用滴管慢慢加入。

（3）烧瓶要干燥,反应时应用干燥管,避免空气中的水进入烧瓶内。

（4）用碳酸氢钠中和粗产物时,应小心操作,防止因加入过快使产物逸出。应严格遵守重结晶及减压过滤操作规范。

（5）中和时因逸出大量二氧化碳,出现激烈鼓泡,应小心操作。最好用 pH 试纸检验溶液的酸碱性,但如果反应混合物色泽较深,用 pH 试纸有困难时,可以加碳酸氢钠至气泡消失作为中和完成的判断标准。

（6）乙酰二茂铁在水中有一定的溶解度,用冰量不可太多,洗涤时应该用冰水,洗涤次数及用水量也切忌过多。

五、思考题

（1）为什么合成乙酰二茂铁时其装置要用干燥管进行保护?

（2）二茂铁比苯更容易发生亲电取代,为什么不能用混酸进行硝化?

（3）二茂铁酰化时形成二酰二茂铁时,第二个酰基为什么不能进入第一个酰基所在的环上?

（莫尊理）

综合 9　席夫碱配合物的制备及碘离子选择性电极的制备

一、课前准备

席夫碱(Schiff base)是指由含有活泼羰基和氨基的两类物质通过缩水形成的含亚氨基(HC—N)或烷亚氨基(RC =N)的一类有机化合物,这类化合物最初由 Schiff 于 1869 首先发现而得名。由于席夫碱中 C—N 键的存在,其杂化轨道上的 N 原子具有孤对电子,因此具有重要的化学与生物学意义。

本实验制备[Co$^{(II)}$Salen]配合物,其结构为

（1）查阅资料,了解[Co$^{(II)}$Salen]配合物的制备原理及该配合物的用途。

（2）熟悉离子选择性电极的原理。

（3）熟悉无机合成中的一些基本操作技术。

二、实验器材与试剂

器材:三颈瓶(150 mL),冷凝管,磁力加热搅拌器,烧杯(500 mL),真空干燥器,循环水真空泵,抽滤瓶,氮气钢瓶,酸度计,甘汞电极(232 型),PVC 管(内径 8 mm,外径 10 mm,长 10 cm),(2.5×2.5)cm² 玻璃板,AgCl/Ag 电极,容量瓶(50 mL),烧杯(50 mL),移液管(5 mL)。

试剂:水杨醛,乙二胺,乙酸钴[$Co(Ac)_2 \cdot 4H_2O$],95%乙醇,碘化钾,邻硝基苯基十二烷基醚(o-NPDE),PVC(8%,5%),$NaNO_3$(3 mol·L^{-1}),pH 5.6 缓冲溶液(1.0 mol·L^{-1}柠檬酸盐和 1.0 mol·L^{-1} KCl),pH 2.5 的缓冲溶液(向 0.01 mol·$L^{-1}H_3PO_4$ 滴加 NaOH 溶液至 pH 为 2.5)。

三、实验内容

1. 席夫碱的制备

在 150 mL 三颈瓶中注入 40 mL 95%乙醇,再加入 0.8 mL 水杨醛。在搅拌下,加入 0.35 mL 70%乙二胺,使其反应 4~5 min。此时生成亮黄色的双水杨缩乙二胺片状晶体。然后向三颈瓶中通入氮气,赶尽装置中的空气。再调节氮气流,使速率稳定在每秒 1 个气泡,并开始加热水浴,使温度保持在 70~80 ℃。溶解 0.95 g 乙酸钴于 10 mL 热水中,当亮黄色片状晶体全部溶解后,将乙酸钴溶液迅速倒入三颈瓶中,立即生成棕色的胶状沉淀,在 70~80 ℃时搅拌 1 h,棕色沉淀慢慢转化为暗红色晶体。移去水浴,用冷水冷却反应瓶,再终止氮气流。过滤晶体,并用水洗涤三次,每次 5 mL,然后用 5 mL 95%乙醇洗涤。在真空干燥器中干燥产品,最后称量并计算产率。

2. 碘离子选择性电极的制备

1) 制备 PVC 敏感膜

取 8.5 mg 载体、226 mg o-NPDE 和 1.3 g 8% PVC 四氢呋喃溶液混合,搅拌成均匀黏稠液体,倾于一片面积为(2.5×2.5)cm² 玻璃板上,在干燥的室温下晾干一天以上,得到所需的 PVC 膜(厚度约为 0.5 mm)。

2) 碘离子选择性电极的制备

切取一片直径 10 mm 的 PVC 膜,用 5% PVC 的四氢呋喃溶液粘于 PVC 管上,放置 24 h,向 PVC 管中添加 3 mol·L^{-1} $NaNO_3$、pH 5.6 缓冲溶液。借以下电化学池测量电极的 pH-电位 E(mV)曲线:

Hg;Hg_2Cl_2,KCl(饱和)∣试液∣膜∣3 mol·L^{-1} $NaNO_3$,pH 5.6 缓冲溶液,AgCl/Ag

电极使用前于 $0.1\ mol \cdot L^{-1}KI$ 溶液中浸泡一天即可使用。

3. 碘离子选择性电极性能的测定

参照《理化测试（Ⅰ）》实验 26 设计以下实验内容,均在 pH 为 2.5 的磷酸盐缓冲溶液背景下进行测试。
(1) 测定碘离子电极的电位响应线性范围及斜率。
(2) 测定碘离子电极的选择性。

（柴雅琴）

设计 1   碱式碳酸铜的制备

一、课前准备

碱式碳酸铜 $Cu_2(OH)_2CO_3$ 为天然孔雀石的主要成分。碱式碳酸铜的用途很广:无机工业中用于制造各种铜化合物;有机工业中用作有机合成催化剂;电镀工业中电镀铜锡合金时作铜离子的添加剂;农业上用作黑穗病的防治剂,也可作种子的杀虫剂;畜牧业上作饲料中铜的添加剂。此外,还应用于烟火、颜料生产等方面。

查阅资料,通过碱式碳酸铜制备条件的探索和对生成物颜色、状态的分析,研究反应物的合理配料比,并确定制备反应合适的温度条件,以培养独立设计实验的能力。

本实验用 $CuSO_4$ 溶液和 Na_2CO_3 溶液反应制备:

$$2CuSO_4 + 2Na_2CO_3 + H_2O \rightleftharpoons Cu_2(OH)_2CO_3 \downarrow + CO_2 \uparrow + 2Na_2SO_4$$

复习有关水浴加热、减压过滤、沉淀的洗涤及转移等基本操作内容。

二、实验器材与试剂

由学生自行列出所需仪器、药品、材料清单,经指导教师的同意,即可进行实验。

三、实验内容

1. 反应物溶液配制

配制 $0.5\ mol \cdot L^{-1}$ 的 $CuSO_4$ 溶液和 $0.5\ mol \cdot L^{-1}$ 的 Na_2CO_3 溶液 $x\ mL(x$ 由自己计算而定)。

2. 制备反应条件的探求

1) $CuSO_4$ 和 Na_2CO_3 溶液的合适配比

以 $2.0\ mL\ 0.5\ mol \cdot L^{-1}$ 的 $CuSO_4$ 溶液为基物,设计实验加入不同量的

Na_2CO_3 溶液,比较沉淀生成的速度、沉淀的数量及颜色,从中得出两种反应物溶液以何种比例相混合为最佳(注意反应条件的设计)。

提示及思考:

(1) 各试管中沉淀的颜色为何会有差别? 何种颜色产物的碱式碳酸铜含量最高?

(2) 若将 Na_2CO_3 溶液倒入 $CuSO_4$ 溶液,其结果是否会有所不同?

2) 反应温度的探求

以 2.0 mL 0.5 mol · L^{-1} 的 $CuSO_4$ 溶液为基物,加入由上述实验得到的合适用量的 0.5 mol · L^{-1} 的 Na_2CO_3 溶液。设计室温、50 ℃、100 ℃ 的反应,由实验结果确定反应的合适温度。

提示及思考:

(1) 反应温度对本实验有何影响?

(2) 反应在何种温度下进行会出现褐色产物? 这种褐色物质是什么?

3. 碱式碳酸铜的制备

取 30 mL 0.5 mol · L^{-1} 的 $CuSO_4$ 溶液,根据上面实验确定的反应物合适比例及适宜温度制取碱式碳酸铜。待沉淀完全后,用蒸馏水洗涤沉淀数次,直到沉淀中不含 SO_4^{2-} 为止,吸干。将所得产品在烘箱中于 100 ℃ 烘干,待冷至室温后称量,并计算产率。

四、思考题

(1) 除反应物的配比和反应的温度对本实验的结果有影响外,反应物的种类、反应进行的时间等因素是否对产物的质量也会有影响?

(2) 自行设计一个实验,测定产物中铜及碳酸根的含量,从而分析所制得的碱式碳酸铜的质量。

(周娅芬)

设计 2　废干电池的综合利用

一、课前准备

日常生活中使用的干电池为锌锰电池,其负极是作为电池壳体的锌片,正极是被 MnO_2(为增强导电能力,填充有碳粉)包围着的碳棒,电解质是氯化锌及氯化铵的糊状物。电池反应为

$$Zn + 2NH_4Cl + 2MnO_2 \Longrightarrow Zn(NH_3)_2Cl_2 + 2MnOOH$$

在使用过程中,锌皮消耗最多,二氧化锰只起氧化作用,氯化铵作为电解质没有消耗,碳粉是填料。

干电池的使用量非常大,如果把废干电池随意丢弃于环境中,会造成严重的环境污染。因而回收处理废干电池不仅有利于环境保护,还可以获得多种有用的物质,如锌、二氧化锰、氯化铵和碳棒。

查阅资料,了解干电池的组成,设计可再生的物质种类,设计合成、提纯路线。通过废干电池的综合利用实验培养独立设计实验的能力,增强学生环境保护意识,使学生认识到资源再利用的重要性。

二、实验器材与试剂

由学生自行列出所需仪器、药品、材料清单,经指导教师的同意,即可进行实验。

三、实验内容

1. 提纯氯化铵和二氧化锰

查阅有关文献,设计从废干电池中提取并提纯氯化铵和二氧化锰的实验方案,并测定产品中氯化铵的含量。

2. 由锌壳制备七水合硫酸锌

查阅有关文献,设计制备七水合硫酸锌的方法。

四、思考题

(1) 将废干电池丢弃于环境,会造成什么样的后果?

(2) 现在日常生活中所使用的还有什么类型的电池? 如何回收利用?

(岳　凡)

设计 3　未知配合物的合成和表征

一、课前准备

本实验是研究型实验。通过独立完成给定配合物的文献查阅、样品合成、组成和性质测定、结构推断等全过程,使学生了解无机化合物和配合物的一般研究方法,以培养和提高学生独立工作的能力。

由教师指定某个配合物,学生自己查阅有关文献资料,然后拟定出合适的合成方法及测定该配合物的组成、性质的方法和步骤。

二、实验器材与试剂

根据选定的合成物质及合成路线提交仪器和药品清单,经指导教师的同意,即可进行实验。

三、实验内容

1. 配合物的合成

根据所拟定的合成方法,自行在实验室内准备所需的试剂、仪器设备等,经教师同意后进行实验。

2. 配合物组成和性质测定

对所合成的样品,根据拟定的组成和性质测定方法,在实验室内自己准备所需的试剂、仪器设备等,独立开展各项测试工作。测定工作包括配合物中心离子的含量、何种配体及其含量,配体含有哪些化学键和特征基团、配体的强弱、配合物磁性等。

3. 结构推断

通过磁化率、电子光谱等测定,推断该配合物可能的构型。

综合上述实验结果,确证所得样品为给定的配合物,并说明它的某些性质和构型。

实验选择下列 12 个配合物供实验用,学生须完成教师指定的其中一个配合物。

(1) $K_3[Co(C_2O_4)_3] \cdot 3H_2O$ (2) $K_3[Cr(C_2O_4)_3] \cdot 3H_2O$

(3) $K_3[Cu(C_2O_4)_2] \cdot 2H_2O$ (4) $K_2[Ni(C_2O_4)_2]$

(5) $[Cu(en)_2](NO_3)_2$ (6) $[Cu(NH_3)_4]SO_4$

(7) $K_3[Mn(C_2O_4)_3] \cdot 3H_2O$ (8) $(NH_4)_2[Fe(C_2O_4)_2]$

(9) $[Cu(en)_2](NO_3)_2$ (10) $Ni(NH_3)_4(NO_2)_2$

(11) $[Ni(NH_3)_6]Cl_2$ (12) $K_4[Co_2(C_2O_4)(OH)_2] \cdot 3H_2O$

四、思考题

(1) 总结配合物中心离子和配体的一般测定方法及其特征。

(2) 通过本实验,你获得了哪些化学研究的初步方法?

(柴雅琴 肖冬荣)

第 7 章　数据与资料

7.1　常数与数据

7.1.1　相对原子质量表

原子序数	元素符号	相对原子质量	原子序数	元素符号	相对原子质量	原子序数	元素符号	相对原子质量	原子序数	元素符号	相对原子质量
1	H	1.01	29	Cu	63.55	57	La	138.91	85	At	210
2	He	4.00	30	Zn	65.39	58	Ce	140.12	86	Rn	222
3	Li	6.94	31	Ga	69.72	59	Pr	140.91	87	Fr	223
4	Be	9.01	32	Ge	72.64	60	Nd	144.24	88	Ra	226
5	B	10.81	33	As	74.92	61	Pm	145	89	Ac	227
6	C	12.01	34	Se	78.96	62	Sm	150.36	90	Th	232.04
7	N	14.01	35	Br	79.90	63	Eu	151.96	91	Pa	231.04
8	O	16.00	36	Kr	83.80	64	Gd	157.25	92	U	238.03
9	F	19.00	37	Rb	85.47	65	Tb	158.93	93	Np	237
10	Ne	20.18	38	Sr	87.62	66	Dy	162.50	94	Pu	244
11	Na	22.99	39	Y	88.91	67	Ho	164.93	95	Am	243
12	Mg	24.31	40	Zr	91.22	68	Er	167.26	96	Cm	247
13	Al	26.98	41	Nb	92.91	69	Tm	168.9	97	Bk	247
14	Si	28.09	42	Mo	95.96	70	Yb	173.05	98	Cf	251
15	P	30.97	43	Tc	98	71	Lu	174.97	99	Es	252
16	S	32.07	44	Ru	101.07	72	Hf	178.49	100	Fm	257
17	Cl	35.45	45	Rh	102.91	73	Ta	180.95	101	Md	258
18	Ar	39.95	46	Pd	106.42	74	W	183.84	102	No	259
19	K	39.10	47	Ag	107.87	75	Re	186.21	103	Lr	262
20	Ca	40.08	48	Cd	112.41	76	Os	190.23	104	Rf	261
21	Sc	44.96	49	In	114.82	77	Ir	192.22	105	Db	262
22	Ti	47.87	50	Sn	118.71	78	Pt	195.08	106	Sg	266
23	V	50.94	51	Sb	121.76	79	Au	196.97	107	Bh	264
24	Cr	52.00	52	Te	127.60	80	Hg	200.59	108	Hs	277
25	Mn	54.94	53	I	126.90	81	Tl	204.38	109	Mt	268
26	Fe	55.85	54	Xe	131.29	82	Pb	207.2	110	Uun	271
27	Co	58.93	55	Cs	132.91	83	Bi	208.98	111	Uuu	272
28	Ni	58.69	56	Ba	137.33	84	Po	209	112	Uub	277

注:相对原子质量录自 1999 年国际相对原子质量表

7.1.2　几种常用酸碱的密度和浓度

酸或碱	分子式	密度/(g·mL^{-1})	溶质质量分数	浓度/(mol·L^{-1})
冰醋酸	CH$_3$COOH	1.05	0.995	17
稀醋酸		1.04	0.34	6
浓盐酸	HCl	1.18	0.36	12
稀盐酸		1.10	0.20	6
浓硝酸	HNO$_3$	1.42	0.72	16
稀硝酸		1.19	0.32	6
浓硫酸	H$_2$SO$_4$	1.84	0.96	18
稀硫酸		1.18	0.25	3
磷酸	H$_3$PO$_4$	1.69	0.85	15
浓氨水	NH$_3$·H$_2$O	0.90	0.28~0.30(NH$_3$)	15
稀氨水		0.96	0.10	6

7.1.3　化合物的相对分子质量

化合物	相对分子质量	化合物	相对分子质量	化合物	相对分子质量
Ag$_2$CrO$_4$	331.73	BaC$_2$O$_4$	225.35	CaCO$_3$	100.09
Ag$_3$AsO$_4$	462.52	BaCl$_2$	208.24	CaO	56.08
AgBr	187.77	BaCl$_2$·2H$_2$O	244.27	CaSO$_4$	136.14
AgCl	143.32	BaCO$_3$	197.34	CdCl$_2$	183.32
AgCN	133.89	BaCrO$_4$	253.32	CdCO$_3$	172.42
AgI	234.77	BaO	153.33	CdS	144.47
AgNO$_3$	169.87	BaSO$_4$	233.39	Ce(SO$_4$)$_2$	332.24
AgSCN	165.95	BiCl$_3$	315.34	Ce(SO$_4$)$_2$·4H$_2$O	404.30
Al(NO$_3$)$_3$	213.00	BiOCl	260.43	CH$_3$COOH	60.052
Al(NO$_3$)$_3$·9H$_2$O	375.13	C$_4$H$_8$N$_2$O$_2$(丁二酮肟)	116.12	CH$_3$COONa	82.034
Al(OH)$_3$	78.00	C$_6$H$_4$·COOH·COOK	204.23	CH$_3$COONa·3H$_2$O	136.08
Al$_2$(SO$_4$)$_3$	342.14	(苯二甲酸氢钾)		CH$_3$COONH$_4$	77.083
Al$_2$(SO$_4$)$_3$·18H$_2$O	666.41	(C$_9$H$_7$N)$_3$H$_3$PO$_4$·12MoO$_3$	2212.7	CO(NH$_2$)$_2$	60.06
Al$_2$O$_3$	101.96	(磷钼酸喹啉)		Co(NO$_3$)$_2$	182.94
AlCl$_3$	133.34	Ca(NO$_3$)$_2$·4H$_2$O	236.15	Co(NO$_3$)$_2$·6H$_2$O	291.03
AlCl$_3$·6H$_2$O	241.43	Ca(OH)$_2$	74.09	CO$_2$	44.01
As$_2$O$_3$	197.84	Ca$_3$(PO$_4$)$_2$	310.18	CoCl$_2$	129.84
As$_2$O$_5$	229.84	CaC$_2$O$_4$	128.10	CoCl$_2$·6H$_2$O	237.93
As$_2$S$_3$	246.02	CaCl$_2$	110.99	CoS	90.99
Ba(OH)$_2$	171.34	CaCl$_2$·6H$_2$O	219.08	CoSO$_4$	154.99

化合物	相对分子质量	化合物	相对分子质量	化合物	相对分子质量
$CoSO_4 \cdot 7H_2O$	281.10	$H_2C_2O_4 \cdot 2H_2O$	126.07	K_2SO_4	174.25
$Cr(NO_3)_3$	238.01	H_2CO_3	62.025	$K_3Fe(CN)_6$	329.25
Cr_2O_3	151.99	H_2O	18.015	$K_4Fe(CN)_6$	368.35
$CrCl_3$	158.35	H_2O_2	34.015	$KAl(SO_4)_2 \cdot 12H_2O$	474.38
$CrCl_3 \cdot 6H_2O$	266.45	H_2S	34.08	KBr	119.00
$Cu(NO_3)_2$	187.56	H_2SO_3	82.07	$KBrO_3$	167.00
$Cu(NO_3)_2 \cdot 3H_2O$	241.60	H_3AsO_3	125.94	KCl	74.551
Cu_2O	143.09	H_3AsO_4	141.94	$KClO_3$	122.55
$CuCl$	98.999	H_3BO_3	61.83	$KClO_4$	138.55
$CuCl_2$	134.45	H_3PO_4	97.995	KCN	65.116
$CuCl_2 \cdot 2H_2O$	170.48	H_3SO_4	98.07	$KFe(SO_4)_2 \cdot 12H_2O$	503.24
CuI	190.45	HBr	80.912	$KHC_2O_4 \cdot H_2C_2O_4 \cdot$	254.19
CuO	79.545	HCl	36.461	$2H_2O$	
CuS	95.61	HCN	27.026	$KHC_2O_4 \cdot H_2O$	146.14
$CuSCN$	121.62	$HCOOH$	46.026	$KHC_4H_4O_3$	188.18
$CuSO_4$	159.60	HF	20.006	$KHSO_4$	136.16
$CuSO_4 \cdot 5H_2O$	249.68	$Hg(CN)_2$	252.63	KI	166.00
$Fe(NO_3)_3$	241.86	$Hg(NO_3)_2$	324.60	KIO_3	214.00
$Fe(NO_3)_3 \cdot 9H_2O$	404.00	$Hg_2(NO_3)_2$	525.19	$KIO_3 \cdot HIO_3$	389.91
$Fe(OH)_3$	106.87	$Hg_2(NO_3)_2 \cdot 2H_2O$	561.22	$KMnO_4$	158.03
Fe_2O_3	159.69	Hg_2Cl_2	472.09	$KNaC_4H_4O_6 \cdot 4H_2O$	282.22
Fe_2S_3	207.87	Hg_2SO_4	497.24	KNO_2	85.104
Fe_3O_4	231.54	$HgCl_2$	271.50	KNO_3	101.10
$FeCl_2$	126.75	HgI_2	454.40	KOH	56.106
$FeCl_2 \cdot 4H_2O$	198.81	HgO	216.59	$KSCN$	97.18
$FeCl_3$	162.21	HgS	232.65	$Mg(NO_3)_2 \cdot 6H_2O$	256.41
$FeCl_3 \cdot 6H_2O$	270.30	$HgSO_4$	296.65	$Mg(OH)_2$	58.32
$FeNH_4(SO_4)_2 \cdot 12H_2O$	482.18	HI	127.91	$Mg_2P_2O_7$	222.55
FeO	71.846	HIO_3	175.91	MgC_2O_4	112.33
FeS	87.91	HNO_2	47.013	$MgCl_2$	95.211
$FeSO_4$	151.90	HNO_3	63.013	$MgCl_2 \cdot 6H_2O$	203.30
$FeSO_4 \cdot (NH_4)_2SO_4 \cdot$	392.13	K_2CO_3	138.21	$MgCO_3$	84.314
$6H_2O$		$K_2Cr_2O_7$	294.18	$MgNH_4PO_4$	137.32
$FeSO_4 \cdot 7H_2O$	278.01	K_2CrO_4	194.19	MgO	40.304
$H_2C_2O_4$	90.035	K_2O	94.196	$MgSO_4 \cdot 7H_2O$	246.47

续表

化合物	相对分子质量	化合物	相对分子质量	化合物	相对分子质量
$Mn(NO_3)_2 \cdot 6H_2O$	287.04	NH_4Cl	53.491	$PbSO_4$	303.30
$MnCl_2 \cdot 4H_2O$	197.91	NH_4HCO_3	79.055	Sb_2O_3	291.50
$MnCO_3$	114.95	NH_4NO_3	80.043	Sb_2S_3	339.68
MnO	70.937	NH_4SCN	76.12	$SbCl_3$	228.11
MnO_2	86.937	NH_4VO_3	116.98	$SbCl_5$	299.02
MnS	87.00	$(NH_4)_2C_2O_4$	124.10	SiF_4	104.08
$MnSO_4$	151.00	$(NH_4)_2C_2O_4 \cdot H_2O$	142.11	SiO_2	60.084
$MnSO_4 \cdot 4H_2O$	223.06	$(NH_4)_2CO_3$	96.086	$SnCl_2$	189.60
$Na_2B_4O_7$	201.22	$(NH_4)_2HPO_4$	132.06	$SnCl_2 \cdot 2H_2O$	225.63
$Na_2B_4O_7 \cdot 10H_2O$	381.37	$(NH_4)_2MoO_4$	196.01	$SnCl_4$	260.50
$Na_2C_2O_4$	134.00	$(NH_4)_2S$	68.14	$SnCl_4 \cdot 5H_2O$	350.58
Na_2CO_3	105.99	$(NH_4)_2SO_4$	132.13	SnO_2	150.69
$Na_2CO_3 \cdot 10H_2O$	286.14	$(NH_4)_3PO_4 \cdot 12MoO_3$	1876.3	SnS	150.75
$Na_2H_2Y \cdot 2H_2O$	372.24	$Ni(C_4H_7N_2O_2)_2$	288.91	SO_2	64.06
$Na_2HPO_4 \cdot 12H_2O$	358.14	（丁二酮肟镍）		SO_3	80.06
Na_2O	61.979	$Ni(NO_3)_2 \cdot 6H_2O$	290.79	$Sr(NO_3)_2$	211.63
Na_2O_2	77.978	$NiCl_2 \cdot 6H_2O$	237.69	$Sr(NO_3)_2 \cdot 4H_2O$	283.69
Na_2S	78.04	NiO	74.69	SrC_2O_4	175.64
$Na_2S \cdot 9H_2O$	240.18	NiS	90.75	$SrCO_3$	147.63
$Na_2S_2O_3$	158.10	$NiSO_4 \cdot 7H_2O$	280.85	$SrCrO_4$	203.61
$Na_2S_2O_3 \cdot 5H_2O$	248.17	NO	30.006	$SrSO_4$	183.68
Na_2SO_3	126.04	NO_2	46.006	$UO_2(CH_3COO)_2 \cdot 2H_2O$	424.15
Na_2SO_4	142.04	P_2O_5	141.94	$Zn(CH_3COO)_2$	183.47
Na_3AsO_3	191.89	$Pb(CH_3COOH)_2$	325.30	$Zn(CH_3COO)_2 \cdot 2H_2O$	219.50
Na_3PO_4	163.94	$Pb(CH_3COOH)_2 \cdot 3H_2O$	379.30	$Zn(NO_3)_2$	189.39
$NaBiO_3$	279.97	$Pb(NO_3)_2$	331.20	$Zn(NO_3)_2 \cdot 6H_2O$	297.48
$NaCl$	58.443	$Pb_3(PO_4)_2$	811.54	ZnC_2O_4	153.40
$NaClO$	74.442	PbC_2O_4	295.22	$ZnCl_2$	136.29
$NaCN$	49.007	$PbCl_2$	278.10	$ZnCO_3$	125.39
$NaHCO_3$	84.007	$PbCO_3$	267.20	ZnO	81.38
$NaNO_2$	68.995	$PbCrO_4$	323.20	ZnS	97.44
$NaNO_3$	84.995	PbI_2	461.00	$ZnSO_4$	161.44
$NaOH$	39.997	PbO	223.20	$ZnSO_4 \cdot 7H_2O$	287.54
$NaSCN$	81.07	PbO_2	239.20		
NH_3	17.03	PbS	239.30		

7.2　化学实验常用手册和参考书简介

在化学实验的过程中,特别在设计实验方案及书写实验报告时,经常需要了解各种物质的性质(如颜色、熔点、沸点、密度、溶解度、化学特性等),查找各种物质的制备方法、分析方法及各种溶液的配制方法等。为此,学会从参考书中查找需要的资料是很重要的,它是培养分析问题和解决问题能力的重要环节。这里仅介绍几种常用的手册和综合参考书供参考。

1. 孙尔康. 化学实验基础. 南京:南京大学出版社,1991

一本综合性实验教材,系统介绍了化学实验的基本知识、基本操作和基本技术,常用仪器、仪表和大型仪器的原理、操作及注意事项,计算机技术、误差和数据处理、文献查阅等。

2. 陈寿椿. 重要无机化学反应. 3 版. 上海:上海科技出版社,1994

该书共汇编了 69 个元素和 55 种阴离子的各种化学反应,共约 20000 条。并分别对它们的共同性、一般理化性质以及反应操作方法做了详述。此外也介绍了几种常用试剂的若干反应,书末还附有各种常用试剂的配制方法。

3. 美国化学会无机合成编辑委员会. 无机合成. 第 1~20 卷. 申泮文等译. 北京:科学出版社,1959-1986

介绍无机化合物合成方法、合成物的性质和保存方法。每种合成都经过检验复核,比较可靠。

4. 日本化学会. 无机化合物合成手册. 曹惠民等译. 北京:化学工业出版社,1983-1986

共三卷。收集了 2151 种常见及重要无机化合物,是制备无机化合物常用的工具书。

5. 段长强. 现代化学试剂手册. 北京:化学工业出版社,1986-1992

介绍化学试剂的组成、结构、理化性质、合成方法、提纯方法、贮存等方面知识。全书分为五个分册:

(一) 通用试剂
(二) 化学分析试剂

（三）生化试剂

（四）无机离子显色剂

（五）金属有机试剂

6. 杭州大学化学系. 分析化学手册. 北京：化学工业出版社,1978-1989

一本分析化学工具书,收集分析化学方面的数据较全,介绍实验方法详尽。全书分五个分册：

（一）基础知识与安全知识

（二）化学分析

（三）光学分析与电学分析

（四）色谱分析

（五）质谱与核磁共振

7. Meites L. Handbook of Analytical Chemistry. New York：McGraw-Hill Book Company,1963

一本分析化学专业性手册,以表格的形式组织了大量与分析化学有关的数据和方法,并适当安排一些理论说明与分析。一般在表格后附有参考文献,可直接利用手册选择合适的分析方法。

8. 张向宇. 实用化学手册. 北京：国防工业出版社,1986

共 17 章,介绍元素和无机、有机化合物的各项性质,以及电化学、仪器分析、分离纯化、安全知识等。

9. Weast R C ,et al. CRC Handbook of Chemistry and Physics. 73rd ed. Boca Raton：CRC Press,1992-1993

该书 1914 年出版第一版,以后逐年修订出版。主要介绍数学、物理、化学常用的参考资料和数据,是应用最广的手册。

10. Dean J A. Lang's Handbook of Chemistry. 13th ed. New York：McGraw-Hill Book Company,1985

该书是一本较常用的化学手册。内容包括：数学、原子和分子结构、无机化学、分析化学、电化学、有机化学、光谱学、热力学性质、物理性质等方面的资料和数据。该版已有中译本(尚久方等译,科学出版社出版,1991)。

7.3　SDT Q600 热重及差示扫描量热同步测定仪

热重分析法是在程序控制温度下,测量物质质量与温度关系的一种技术。

物质受热时发生化学反应,质量也就随之改变,测定物质质量的变化就可研究其变化过程。热重法实验得到的曲线称为热重曲线(TG 曲线)。TG 曲线以质量作纵坐标,从上向下表示质量减少;以温度(或时间)为横坐标,自左向右表示温度(或时间)增加。

热重法的主要特点是定量性强,能准确地测量物质的质量变化及变化的速率。换言之,只要物质受热时发生质量的变化,都可以用热重法来研究,如升华、气化、吸附、解吸、吸收和气固反应等,但像熔融、结晶和玻璃化转变之类的热行为,样品没有质量变化,热重分析法就无能为力了。

1. 仪器简介

SDT Q600 热重及差示扫描量热同步测定仪是一种可以同时执行差示扫描量热(DSC)和热重分析(TGA)的分析仪器。SDT Q600 可在从室温到 1500 ℃的温度范围内测量与材料内部的转变和反应相关的热流(DSC)和重量(TG)变化。

Q600 非常适合高温材料(金属、矿物质、陶瓷和玻璃)的研究,在以下方向有广泛的应用:无机物、有机物及聚合物的热分解;金属在高温下受各种气体的腐蚀过程;含湿量、挥发物及灰分含量的测定;反应动力学研究;发现新化合物;催化活度的测定;氧化稳定性和还原稳定性的研究;反应机制的研究等。

仪器工作原理如图 7-1。

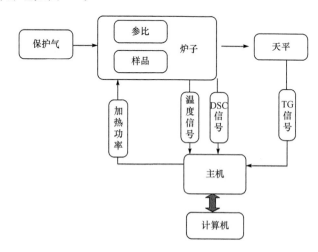

图 7-1　SDT Q600 工作原理框图

2. 操作程序

1）开启仪器

（1）先打开保护气（氮气）气瓶总阀门，再打开减压阀，使减压阀刻度小于0.1 MPa。

（2）打开稳压电源。

（3）打开仪器电源开关，仪器即开始启动，当 TA Instruments 徽标出现在触摸屏上，表示仪器可以开始使用了。

（4）打开计算机的电源，待计算机启动完毕，双击桌面"Q Series Explore"按钮，计算机与仪器即开始进行连接。

2）操作参数设置

在打开的"Q 系列仪器浏览器"窗口中找到"Q600-277"图标，双击打开仪器控制界面。

根据需要编辑操作程序里面的"Summary"、"Procedure" 以及 "Notice"选项卡。包括：选择模式和要保存的信号；选择测杯类型和材料；设置主净化气体和辅助净化气体流速；创建或选择实验过程，并通过 TA 仪器控制软件输入实验信息。

3）样品分析

（1）去皮。打开炉门，在参比和样品横梁上分别放置一个洁净的空坩埚，关闭炉门，按"Tare"键去皮。

（2）加载样品。打开炉门，取出样品坩埚并往坩埚里放置待测样品，然后关闭炉门（样品加载量约 10 mg）。

（3）按"开始"键，仪器即按照既定程序开始工作，在仪器操作界面中可出现数据记录曲线和仪器状态表。

（4）主机按照既定程序工作完毕，即自动开始降温，待温度降至室温后，即可取出样品，根据需要决定是否关闭仪器。

（5）数据处理，从计算机中调出实验数据文件，然后进行分析。

3. 使用仪器注意事项

（1）样品为有机物时，若温度超过 600 ℃，有机物将被炭化。

（2）样品坩埚可以在酒精喷灯上灼烧后重复利用。

（3）仅当温度低于 560 ℃，才能够用强制空气冷却。

（4）炉内温度太高时，炉门不能打开。

（5）加载样品的量不能太多，在坩埚底部平铺一层即可。

（6）加载样品时，一定要取出样品坩埚后，再往坩埚里面放置待测样品，以免污染天平横梁上的样品盘，若样品盘被污染了，将是永久污染，只能更换。

(7) 坩埚轻拿轻放,以减少天平震动。

(8) 含氟量高的样品加热时易沸腾导致样品盘的永久污染,因此尽量不做。

(9) 在实验过程中,尽量避免震动、对流等对实验的影响。

(10) 坩埚底部与样品盘尽量充分接触,增大传热效果。

4. 案例

在温度 0～600 ℃、氮气气氛下,以 100 mL·min^{-1}的氮气流速,20 ℃·min^{-1}的升温速率对三草酸合铁(Ⅲ)酸钾进行热稳定性研究,结果见图 7-2。

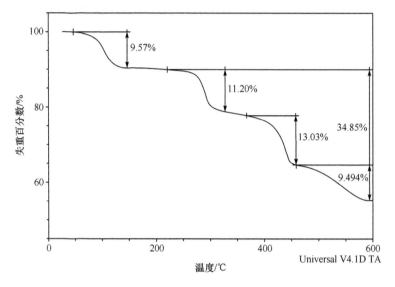

图 7-2　三草酸合铁(Ⅲ)酸钾的热重曲线

从图中可以看出,在 30～600 ℃范围内的热解过程中共有 4 个明显的失重峰:在 100 ℃左右失水,250～600 ℃存在 3 个失重峰,且温度范围宽,说明配体分解是分步进行的。

相对应的 TG 曲线表现为四个阶段的失重。

1) 脱结晶水

从热重曲线上看,在 100 ℃左右存在一个失重峰,相应 TG(热重分析)曲线的失重量为 9.57%。

$$m = 491.26 \times 9.57\% = 47.01 \text{ g·mol}^{-1}$$

与失去 3 mol H_2O 的质量(54.05 g)接近(3 mol H_2O 的理论含量 10.99%)。本步骤反应方程式如下:

$$K_3[Fe(C_2O_4)_3] \cdot 3H_2O \xrightarrow{} K_3[Fe(C_2O_4)_3] + 3H_2O \uparrow$$

2）自氧化还原分解出 CO_2

在 280 ℃附近存在一个失重峰，相应 TG 曲线的失重量为 11.20%。

$$m=491.26×11.20\%=55.02 \text{ g} \cdot \text{mol}^{-1}$$

与失去 1 mol CO_2 的质量（44.01 g）接近（1 mol CO_2 的理论含量 8.96%）。本步骤反应方程式如下：

$$K_3[Fe(C_2O_4)_3] \xlongequal{} K_2[Fe(C_2O_4)_2] + 0.5K_2C_2O_4 + CO_2\uparrow$$

3）分解出 CO 和 CO_2

在 430 ℃附近存在一个失重峰，相应 TG 曲线的失重量为 13.03%。

$$m=491.26×13.03\%=64.01 \text{ g} \cdot \text{mol}^{-1}$$

与失去 1 mol CO 和 1 mol CO_2 的质量（72.02 g）接近（1 mol CO 和 1 mol CO_2 的理论含量 8.96%）。本步骤反应方程式如下：

$$K_2[Fe(C_2O_4)_2] \xlongequal{} K_2C_2O_4 + FeO + CO\uparrow + CO_2\uparrow$$

4）分解出 CO

在 450～580 ℃存在一个失重峰，相应 TG 曲线的失重量为 9.49%。

$$m=491.26×9.49\%=46.64 \text{ g} \cdot \text{mol}^{-1}$$

与失去 1.5 mol CO 的质量（42.02 g）接近（1.5 mol CO 的理论含量 8.96%）。本步骤反应方程式如下：

$$1.5K_2C_2O_4 \xlongequal{} 1.5K_2CO_3 + 1.5CO\uparrow$$

5）失重恒定

最后在 580 ℃失重恒定，曲线平稳，样品不再分解，残余物为 FeO、K_2CO_3，残余量为 55.58%。

$$m=491.26×55.58\%=273.04 \text{ g} \cdot \text{mol}^{-1}$$

残余物与 1 mol FeO 和 1.5 mol K_2CO_3 的摩尔质量（279.16 g · mol^{-1}）接近（1 mol FeO 和 1.5 mol K_2CO_3 的理论含量为 56.82%）。

（石　燕　柴雅琴）

主要参考文献

北京师范大学无机化学教研室等.2001.无机化学实验.3 版.北京:高等教育出版社

陈小明,蔡继文.2007.单晶结构分析原理与实践.2 版.北京:科学出版社

崔学桂,张晓丽.2003.基础化学实验(Ⅰ).北京:化学工业出版社

大连理工大学无机化学教研室.2006.无机化学.5 版.北京:高等教育出版社

杜志强.2005.综合化学实验.北京:科学出版社

古凤才,肖衍繁.2010.基础化学实验教程.3 版.北京:科学出版社

关鲁雄.2004.高等无机化学.北京:化学工业出版社

雷群芳.2005.中级化学实验.北京:科学出版社

李铭岫.2002.无机化学实验.北京:北京理工大学出版社

林宝凤.2003.基础化学实验技术绿色化教程.北京:科学出版社

刘宝殿.2005.化学合成实验.北京:高等教育出版社

宁桂玲.2007.高等无机合成.上海:华东理工大学出版社

潘春跃.2005.合成化学.北京:化学工业出版社

宋天佑,程鹏,王杏乔.2004.无机化学.北京:高等教育出版社

王华林,翟林峰.2004.无机化学实验.合肥:合肥工业大学出版社

王秋长,赵鸿喜,张守民,等.2003.基础化学实验.北京:科学出版社

吴茂英,肖楚民.2006.微型无机化学实验.北京:化学工业出版社

徐国财,张立德.2003.纳米复合材料.北京:化学工业出版社

徐如人,庞文琴.2001.无机合成与制备化学.北京:高等教育出版社

杨辉,卢文庆.2001.应用电化学.北京:科学出版社

杨绮琴.2001.应用电化学.广州:中山大学出版社

于涛.2011.微型无机化学实验.2 版.北京:北京理工大学出版社

翟永清,马志领,李志林.2008.无机化学实验.北京:化学工业出版社

张寒琦,徐家宁.2006.综合和设计化学实验.北京:高等教育出版社

张克立,孙聚堂.2004.无机合成化学.武汉:武汉大学出版社

张小林,余淑娴,彭在姜.2006.化学实验教程.北京:化学工业出版社

张智敏,任建国,王自为.2002.无机合成化学与技术.北京:中国建材工业出版社

周宁怀.2000.微型无机化学实验.北京:科学出版社

周昕,罗虹,刘之娟.2007.大学实验化学.北京:科学出版社

朱文祥.2005.中级无机化学.北京:高等教育出版社

朱文祥.2006.无机化合物制备手册.北京:化学工业出版社

朱湛,傅引霞.2007.无机化学实验.北京:北京理工大学出版社

Topuz B B,Gündüz G,Mavis B,et al. 2013. Synthesis and characterization of copper phthalocya-
　　nine and tetracarboxamide copper phthalocyanine deposited mica-titania pigments. Dyes and
　　pigments,96(1):31-37